高等职业教育数字媒体技术专业系列教材

平面设计与制作项目化教程

主　编　李　晨
副主编　王晓卓　刘　蘅

中国水利水电出版社
www.waterpub.com.cn
·北京·

内 容 提 要

本书依托天津职业大学相关专业主干课程教学内容展开编写，以平面设计领域的四大典型项目：海报、折页、包装、装帧为核心，采取理论知识引导、项目任务应用的分布结构，图文并茂地将平面设计中的基本原理、基本概念、理论知识、经验技巧、法律法规、行业规范、操作要点、核心技能等基于工作过程的设计实践贯穿于项目任务中，理实一体，实用性强。

本书编写组由高校专业教师及企业技术人员组成，他们均长期从事平面设计与数字媒体艺术设计等的实践与教学工作，积累了大量企业项目经验和探索心得，通过本书内容循序渐进、深入浅出地与读者分享，注重可读性和可操作性。

本书提供大量的平面设计基础理论资料、企业项目、图文信息，具有指导性和实用性，可作为高职院校印刷数字图文技术、数字媒体应用技术、多媒体技术、视觉传达、平面设计、广告设计、图形图像制作等专业的教材，也可供刚刚进入平面设计行业的从业人员和爱好者学习参考。

本书配有教学课件、项目源文件及素材文件，读者可以从中国水利水电出版社网站（www.waterpub.com.cn）或万水书苑网站（www.wsbookshow.com）免费下载。

图书在版编目（CIP）数据

平面设计与制作项目化教程 / 李晨主编. -- 北京 : 中国水利水电出版社，2022.4
高等职业教育数字媒体技术专业系列教材
ISBN 978-7-5226-0613-2

Ⅰ. ①平… Ⅱ. ①李… Ⅲ. ①平面设计－图像处理软件－高等职业教育－教材 Ⅳ. ①TP391.413

中国版本图书馆CIP数据核字(2022)第058701号

策划编辑：石永峰　责任编辑：石永峰　加工编辑：刘　瑜　封面设计：李　佳

书　　名	高等职业教育数字媒体技术专业系列教材 平面设计与制作项目化教程 PINGMIAN SHEJI YU ZHIZUO XIANGMUHUA JIAOCHENG
作　　者	主　编　李　晨 副主编　王晓卓　刘　衡
出版发行	中国水利水电出版社 （北京市海淀区玉渊潭南路 1 号 D 座　100038） 网址：www.waterpub.com.cn E-mail：mchannel@263.net（万水） sales@mwr.gov.cn 电话：（010）68545888（营销中心）、82562819（万水）
经　　售	北京科水图书销售有限公司 电话：（010）68545874、63202643 全国各地新华书店和相关出版物销售网点
排　　版	北京万水电子信息有限公司
印　　刷	雅迪云印（天津）科技有限公司
规　　格	184mm×260mm　16 开本　15.25 印张　352 千字
版　　次	2022 年 4 月第 1 版　2022 年 4 月第 1 次印刷
印　　数	0001—2000 册
定　　价	68.00 元

前　言

平面设计是一个发展方向很广泛的综合性技术技能，也是一个应用性很强的行业。平面设计的广告及其宣传功能在商业竞争中的地位被越来越多的人所重视，优秀的广告和商品宣传设计将为企业和商品带来巨大的市场发展空间。在激烈的市场竞争中，无论是国外企业还是国内企业，都把提高设计水平作为提升竞争力的一种手段，从报纸到杂志、从电视到网络、从品牌到包装、从广告到形象设计，平面设计的宣传展示功能和作用被不断放大并稳定发展，其影响力涉及社会各行各业和日常生活的各个方面。再加之近年来电商行业和新媒体的快速发展，进一步拓宽了平面设计的应用领域，发展前景广阔。

由于平面设计是运用视觉元素来传播主题的设计，用文字和图形把信息传达给受众，因此，平面设计不仅涉及多种元素的运用，而且涉及不同表现手法和技巧的运用，将艺术与自然科学相结合，它不是广义的“美术”，也不是单纯的计算机制图，而是含科学、艺术、材料、经济、心理、市场等综合要素的多功能跨界技术的集中体现。

因此，本教材内容涉及图形色彩知识、数字图像知识、输入 / 输出设备、纸张材料、设计理念、项目制作、印前处理、印刷工艺等，以项目引领和任务驱动的形式将平面设计与制作过程中所涉及的内容串联起来，加强对平面设计中典型产品具体操作步骤的演示，注重对学生动手实操能力和解决实际问题能力的培养。

本书共分三部分：基础篇、项目篇、附录。

基础篇包含 4 章内容：第 1 章初识平面设计，讲述设计的基本概念、平面设计所包含的领域和内容以及当代优秀平面设计师介绍；第 2 章为平面设计做准备，具体介绍平面设计主流软件和扩展插件、与图像采集和处理相关的外部设备及素材资源，同时讲解学习平面设计必备的计算机图像基础知识；第 3 章色彩 / 图形 / 文字的基础知识，作为平面设计理论内容的基础要素，色彩感知觉和心理联想、图形构成原理、字体等基本知识都是必备的内容；第 4 章必备的印前 / 印后知识，围绕平面设计的需求详细介绍常见的印刷输出形式及设备，同时对于印前处理工艺和知识以及印后工艺及常见材料、装订形式等进行介绍。

项目篇包含 4 个典型项目：项目 1 海报设计与制作、项目 2 折页设计与制作、项目 3 纸包装设计与制作、项目 4 装帧设计与制作。本篇以项目为引领，突出任务作品步骤的操作演示，穿插必备的知识链接、知识拓展和经验提示，有明确的目标效果和任务要求，以完全基于工作过程的步骤实操形式展现，同时辅以供学习者自主设计的拓展项目加以强化训练，突出学习效果。

附录中整理了一些编者多年来进行平面设计的心得体会、经验介绍和常用资源，供学习者参考借鉴。

本书由李晨任主编，王晓卓、刘蘅任副主编，具体编写分工如下：基础篇的第 1 章和第 2 章由天津职业大学王晓卓编写，第 3 章由天津职业大学刘蘅编写，第 4 章由天津职业大学杨惠编写；项目篇的 4 个项目主要由天津职业大学李晨编写，项目 1 中的任务 1 和任务 2、项目 2 中的任务 2 由澍仁文化传播（天津）有限公司设计总监张旋提供并编写任务制作步骤，项目 4 中的任务 1 和任务 2 由澍仁文化传播（天津）有限公司设计师邱硕提供并编写任务制作步骤；附录由天津职业大学李晨编写；全书由李晨统稿。

在本书编写过程中，我们参考了行业专家的设计作品和研究成果，并得到以澍仁文化传播（天津）有限公司、天津市云尚广告有限公司为代表的多家精英企业的帮助和指导，书中用到的项目任务作品的一切知识产权均属原设计者及原属企业，这里仅作为教学演示及练习使用，在此向这些优秀企业和设计前辈表示衷心的感谢。

本书实用性和学术性并重，知识结构合理，行业内容丰富，操作步骤清晰，有良好的可读性和可操作性，希望能为广大师生和设计爱好者的学习提供有价值的参考。由于编写组水平及经验有限，加之时间仓促，书中难免存在疏漏和不足，恳请各位专家、读者批评指正。

编　者

2021 年 12 月

目　录

项目篇

COLIN FIRTH
SCARLETT JOHANSSON
TOM WILKINSON
LA JEUNE FILLE A LA PERLE
un film de PETER WEBBER
fi
Sadece puhutv'de
BLACK
SWAN

基础篇

第 1 章　初识平面设计

本章导读

在进行平面设计之前，初学者应该对平面设计有整体认识，了解平面设计领域的发展情况、基本概念、特点、平面设计所涵盖的领域等入门知识。本章主要介绍平面设计的基本概念、平面设计所涵盖的领域和当代优秀平面设计师。读者应在理解相关概念的基础上重点掌握平面设计各领域的特点等内容。

本章要点

- 平面设计的基本概念
- 平面设计各领域的特点
- 优秀平面设计师介绍

1.1　设计基本概念

1.1.1　什么是设计

最简单的关于设计的定义是，设计是一种“有目的的创作行为”。把一种设想利用方案，通过感觉形式传达出来的过程叫作设计。人们通过劳动改造世界，其中最基本、最关键的创造活动是造物。设计就是对造物活动进行事先的计划，把所有造物活动的计划技术和计划过程理解为设计。在这些造物的工作中，形是重要的因素。所谓“形”，或是可见的或是可以触摸到的，从而形便包括了形状、大小、色彩、肌理、位置和方向等因素，人们在造物过程中如果主动地对这些因素进行研究，对材料和物体进行加工、组织或综合，这种种便称为“造型”。

设计在广泛的理解中可以用一个线性模型来描述，即从定义问题到解决问题。定义问题是指找到问题并且理解每一个细节，这是一个分析的过程，明确所有需要满足的需求；解决问题是指整合这些需求并平衡各方利益，产出一个可以指导实际生产的最终方案，是人为创造的过程。但事实上，设计并不是线性的过程，棘手问题也是难以程式化的，因此这一类问题无法被线性地分析或解决。例如设计中的“头脑风暴”是设计师头脑“暴”出一个点子的过程，并不需要任何线性的分析或推理，在掌握了足够的信息之后，我们大脑中会自然而然地蹦出很多想法。

设计的过程一般包括以下步骤：

（1）发现问题并明确问题。

（2）根据问题制订设计方案。

（3）制作模型或原型。

（4）测试、评估及优化。

（5）产品的使用和维护。

其中，在制作模型或原型的过程中可能会出现新的问题，这时就需要重新理解问题，优化设计方案。在产品的测试、评估中发现问题，也需要优化设计方案，从而修改模型或原型。

随着现代科技的发展、创新形态的丰富，设计也慢慢走向大众，由专业设计师的工作向更广泛的用户参与演变，以用户为中心的、用户参与的创新设计日益受到关注，用户参与的创新 2.0 模式正在逐步显现。用户成为创新 2.0 的关键词，用户需求、用户参与、以用户为中心被认为是新条件下设计创新的重要特征，用户体验也被认为是知识社会环境下创新 2.0 模式的核心。

1.1.2 什么是平面设计

平面设计这个术语出于英文“graphic”，又称为视觉传达设计，是以平面介质（书籍、报纸等）为载体，以视觉传达为形式，通过多种方式来创造和结合符号、图片和文字，传达想法或信息的视觉表现。在现代平面设计形成前，这个术语泛指各种通过大量复制（印刷、打印、喷绘等手段）向大众传播信息的造型手段。因此，当时这个词是与“艺术”连用的，统称为“Graphic design”。

平面设计用视觉元素来传达设想和计划，通过文字、图像及色彩把信息传达给受众，让人们了解设计的意图。由于平面设计中含有知识技能，因此常被误认为是视觉传播或传播设计。

平面设计从范围来讲，设计用途也有很多，常见的有标识（商标和品牌）、出版物（杂志、报纸和书籍）、平面广告、海报、广告牌、网站图形元素、标志和产品包装。

组合是平面设计最重要的特性之一，尤其是当产品使用预先存在的材料或多种元素融合时。平面设计的元素可以是以下各元素的各种组合：

（1）图形。从广义上看，含有图形因素，并与信息传达有关的形式都可以称为图形，如插画、图片、图案、标志等。从狭义上讲，图形就是可视的“图画”，即某一平面设计作品中单纯的图形部分。图形相比文字来说容易引起人的注意，传递信息的速度也快得多，越是富有意境的图形越能抓住观者的视线并快速传递所携信息。

（2）色彩。色彩是最能吸引人们注意力的。色彩运用得当，可以让平面作品给人留下深刻的印象，产生惊人的视觉效果。而且设计师能通过色彩创造情绪，赋予作品情感意义。

（3）文字。文字指平面设计中以文字形式出现的元素，例如文本、标题、说明及设计字体等。它既是语言信息的载体，又是具有视觉识别特征的符号系统。运用文字不仅可以表达概念，同时也可通过诉之于视觉的方式传递情感。文字设计是增强视觉传达效果，提高作品的诉求力，赋予版面审美价值的一种重要构成技术。

（4）线条。线条是平面设计中最基本的元素，不同形式的线条带给人的感受是不同的，线条不仅可以在平面空间中起到规划内容的作用，还可以引导观众的视线，突出设计重点。

（5）形状。形状是平面设计的基础，通过形状可以规划空间结构，填充空间，平衡各个元素之间的关系。

（6）质地。质地不同，所展现的平面设计作品的视觉观感千差万别，选择合适质地的材料可以增强作品的深度感觉。

（7）排版。排版影响读者的第一印象，从而极大地影响设计的消息传递效率。

（8）纹理。纹理指的是触摸后的感觉，是用于引起观众注意的另一个元素。

（9）尺寸。尺寸可以有丰富多样性，经常使用同一尺寸可能会使作品变得单调，改变尺寸能简便地创造出动态且有趣的设计布局。

（10）空间。空间是指设计中留空的区域。在设计中放置空间可以突出设计领域的重点。

图形、色彩和文字是平面设计的核心元素，这三者的关系是相辅相成的。图形在创意、表现之中占主要地位。图形本身具有极强的说明性，优秀的设计作品都以自己独特的图形语言准确而又清晰地传达设计主题。但是由于人们的观察及理解能力有差异，同一幅图形在不同人的眼里有不同的感受，所以这时就需要用文字来说明。

文字是人类文明的重要组成部分，直接影响图形的视觉传达效果。因此，文字设计是增强视觉传达效果、提高作品可读性的一种重要手段。文字与图形的配合使设计师的意图表达得更加准确。

色彩与世上的万物密不可分，任何物体都有它的色彩，如果运用好色彩，就会有眼前一亮的感觉，一下子被某种色彩强烈地吸引，并唤起我们思维和情感的共鸣。

图形和文字是有形的，是人类文明的产物，而色彩是无形的，是人类认识世界的一种本能。在平面设计中，图形、文字、色彩是按照一定的联系和美的法则形成的有机整体，完美的组合可以使形的表现更加突出，使意的表达更加明确和具有说服力。

1.1.3 平面设计发展简介

平面设计发展简介

平面设计的发展历程不仅与艺术流派密不可分，与印刷技术的发展也有着不解之缘，同时还受到字体、版面编排、插图风格和计算机及互联网技术等相关因素的影响。

平面设计的起源是人类社会走向文明的象征。在人类原始生活逐步走向文明的起始阶段，人与人之间的交流不断发展，这就要求将自身的思想感情用符号形式来传达。在文字出现以前，人类就是依据各种图形符号进行记事与交流，直至图形演变为简单的文字。文字的出现为日后平面设计的发展奠定了最原始的基础条件。

在早期四大发明中，蔡伦发明的造纸术和毕昇发明的印刷术为世界平面印刷事业的进步起到了积极的推动作用，为世界文化文明的发展作出了重要的贡献，同时也为平面设计的传播奠定了技术基础和物质基础。直至宋代，中国印刷术已成为世界最先进的印刷技术，并迅速传入邻国日本、韩国、菲律宾、越南乃至中亚地区，最后由中亚传入欧洲，从事实上体现了中国印刷术的重要地位。平面设计的起源和发展与印刷术的发明与进步密不可分。具有确切记载的出现在公元 1400 年前后，欧洲出现了宗教肖像和政治领导肖像木刻印刷，这些肖像与文字编排在一起，成为具有插图的宗教书籍。欧洲引入印刷术，真正意义上成为欧洲平面设计的源头。

（1）古登堡时期的平面设计（约 1450—1500 年）。在金属活字印刷技术发明之前，西方的平面设计主要依赖于手抄本和木版印刷。手抄本的设计特点主要是广泛采用插图，广泛进行书籍、字体的装饰，注意插图的设计。木版印刷是西方掌握中国的造纸和印刷技术之后开始盛行的。在这个时期有一件平面设计史上的重要事件，就是意大利人于 1262 年发明了纸张的水印技术，这种技术至今仍然被广泛地用于纸币等有价证券的防伪设计上。

15 世纪前后，随着经济和文化的迅速发展，手抄本和木版印刷已经无法满足社会对书籍越来越大的需求，因此，西方各国都想方设法发明新的效率更高的印刷方法。德国人约翰·古登堡发明金属活字印刷技术，它成为现代印刷的主要方法。古登堡对金属活字及金属活字印刷的发明使平面设计成为真正意义上的“版面设计”，拉开了西方平面设计大发展的序幕。这个时期欧洲的木刻画也较为兴盛，插图与木刻画结合，推动印刷技术向前稳步发展。随着印刷业的兴旺发展，欧洲古典风格平面设计开始盛行。古典风格是从古希腊、古罗马和古埃及的各种字体风格中综合发展起来的文字风格，同时也包含了古典时期的版面编辑。西方平面设计的发展是从金属活字的发明与广泛应用开始的。

（2）文艺复兴时期的平面设计（约 14 世纪至 16 世纪上半叶）。文艺复兴时期，法国的巴黎、德国的纽登堡、意大利的威尼斯、瑞士的巴塞尔等城市平面印刷设计出现兴盛的局面。这个时期绘画上透视技术的发明和广泛运用对于艺术是一个巨大的贡献。透视的运用产生了非常逼真的绘画效果，广泛运用在书籍插图上，大大扩展了读者的视野和想象的空间。透视法就是“近小远大”，一图胜千言，如图 1-1-1 所示。

图 1-1-1　透视法

我们站在街上向前看就会发现，道路的两侧在视线的尽头会相交于一点，事实上，平行线在绘画中都会消失于一点。

文艺复兴时期的平面设计，书籍中大量采用花卉、卷草图案装饰，文字外部全部用这类图案环绕，显得非常典雅和浪漫。无论是在字体设计上还是在版面设计上，都讲究工整、简洁。其中首字母装饰是主要的装饰因素，往往采用卷草环绕首字母。版面的整体布局崇尚对称的古典风格。意大利很多早期的印刷匠人为自己的印刷工厂设计了商标，开创了商标设计和使用的先河。

（3）巴洛克、洛可可时期的平面设计（约 1550—1770 年）。平面设计经过文艺复兴时期有声有色的发展之后，在整个 17 世纪显得比较沉寂。但是在 18 世纪情况就大不一样了，巴洛克、洛可可等相继给沉寂了许久的平面设计带来了全新的发展。

巴洛克风格以浪漫主义的精神作为形式设计的出发点，偏重于理性的形式，赋予了更为亲切和柔性的效果，特点是外形自由，追求动态，喜好富丽的装饰、雕刻和强烈的色彩，常用穿插的曲面和椭圆形空间。巴洛克风格的平面设计追求的是严肃高贵，特点是采用大胆的曲线结构、繁杂的装饰和无联系部分间的整体平衡，版面布局比较对称，色彩对比强烈。图 1-1-2 所示为巴洛克风格天顶画。

图 1-1-2　巴洛克风格天顶画

洛可可风格是紧跟巴洛克风格之后起源于 18 世纪欧洲的艺术风格，采用大量的漩涡卷形字体、树叶及动物形体点缀装饰。洛可可风格的平面设计，强调浪漫情调，大量采用 c 形和 s 形曲线纹样作为装饰手段；色彩上比较柔和，广泛采用淡雅的色彩，如粉红、粉蓝、粉绿等，同时大量采用金色和象牙白色；版面布局往往采用均衡的排列方法，经常采用花哨的字体，版面华丽，给人以浮华纤巧、温柔典雅之感。图 1-1-3 所示为洛可可风格发饰。

图 1-1-3　洛可可风格发饰

（4）工业革命对平面设计的影响（约 1760—1840 年）。工业革命直接促进了平面设计的发展。产品自身需要设计、产品包装需要设计、产品广告需要设计、大量的出版物需要设计……工业革命促进了专业化分工，同时发明的摄影技术和彩色石版印刷技术极大地推动了平面设计的快速发展。

由于工业革命的影响，平面设计在以下几方面的发展比较突出：

- 欧美字体设计大发展。英文字母不再仅是组成单词的一个部分，它本身也被要求具有商业象征性。19 世纪初，在短短几十年中，涌现出了大量的新字体，如“肥胖体”“埃及体”“无饰线体”等。
- 木刻版海报在商业广告上广泛应用。
- 印刷、排版技术获得了突破性改革。

（5）摄影技术对平面设计的影响。摄影技术的发明对平面设计的影响不可低估，为平面设计开辟了创作的新天地，促进了现代平面设计的发展。在 19 世纪下半叶，印刷物的摄影制版迅速发展。由于摄影制版技术价格低廉、速度快、图像质量高，越来越多的印刷厂商开始采用这个技术制版，特别是用来制作插图版画，从而使手工插图在平面设计中的应用范围越来越小。木刻版海报迅速发展并在商业广告上广泛应用，蒸汽动力印刷机和造纸机发明并不断改进，排版实行机械化作业为印刷带来了革命性的变革，欧洲的现代设计潮流和印刷设备机械化程度直接促进了各国平面设计的发展。

（6）维多利亚时期的平面设计（约 1837—1914 年）。维多利亚时期的前半期出现了使用烦琐“美术字”的风气。平面设计风格主要在于追求烦琐、华贵、复杂装饰的效果。字体设计广泛使用阴影体、装饰体等，以达到华贵、花哨的效果。版面编排烦琐，讲究版面布局的对称也是这个时期平面设计的重要特征。维多利亚时期的后半期，平面设计的烦琐装饰风格因为金属活字的出现和新的插图制版技术的刺激达到了登峰造极的地步。

（7）工艺美术运动对平面设计的影响（约 1864—1896 年）。“工艺美术运动”起源于英国。英国艺术家、诗人威廉·莫里斯是工艺美术运动中最有代表性的人物。他在 1860 年前后开设了世界上第一家设计事务所，其设计风格突出风格化的模仿，主张师法自然和哥特艺术风格的复兴，采用对称式构图，使用美观的字体和精美的装饰纹样。他对版面的编排非常讲究，对版面的装饰性要求也很高。其特有的设计风格促进了英国乃至世界的平面设计发展。

（8）新艺术运动对平面设计的影响（约 1890—1910 年）。新艺术运动几乎涉及所有的设计领域，包括雕塑和绘画艺术，是强调手工艺传统并具有相当影响力的形式主义运动。它主张避免使用直线，突出表现曲线，注重从自然中获得启示，以运动感的线条作为形式美的基础。比利时人亨利·凡·德·威尔德是新艺术运动中最具影响力的人物之一。

（9）现代艺术运动对平面设计的影响（约 1912—1922 年）。20 世纪初，在欧洲大陆兴起了一场革命性的艺术运动，其中包含着丰富多样的现代艺术流派，最有代表性的是以蒙德里安和凡·杜斯堡为代表的“荷兰风格派”和以李捷斯基为代表的“俄国构成主义”。“荷兰风格派”正式成立于 1917 年，该风格一开始就追求艺术的“抽象与简化”，反对个性。因此，平面、直线、矩形成为艺术中的支柱，把颜色还原为红黄蓝三原色和黑白灰三非色，以足够的明确、秩序和简洁建立起精确、严格且完善的几何风格。“俄国构成主义”在 1912 年产生，李捷斯基是其创始人。它在点、线、面和黑、白、灰处理上运用规律排列，追求秩序美。它以理性的、简洁的几何形态构成图形，着重于形体美、节奏美和抽象美，开创了现代平面构成的先河。

（10）包豪斯设计学院对平面设计的影响（约 1919—1933 年）。包豪斯设计学院的设计理念为现代平面设计打下了坚实的理论与实践基础。1919 年，德国人格罗佩斯创立了包豪斯设计学院，提出了 3 个基本设计理念：艺术与技术的新统一、设计的目的是人而非产品、设计必须遵循自然与客观的法则。这些观点对现代工业设计的发展起到了积极作用，使现代设计由理想主义走向现实主义。格罗佩斯尝试将设计艺术与设计教育结合在一起，并吸引了很多著名的艺术家到学院任教。在这之后，从广告、招贴、包装、书刊版面到建筑、摄影、家具、日用品等的设计无不深受包豪斯设计学院的影响。

（11）现代主义设计对平面设计的影响（20 世纪 20 年代 至 60 年代）。现代主义设计的基础是功能主义，主张形式遵循功能；现代主义设计的基本原则是“简单优于复杂，平淡优于鲜艳夺目，单一色优于五光十色，经久耐用优于追赶时髦，理性结构优于盲从时尚。”现代主义设计是人类设计史上最重要、最具影响力的设计运动之一。它兴起于

20世纪20年代的欧洲，经过几十年的迅猛发展和传播，几乎风靡全球。这种风格引领了世界范围内的设计主潮，以致其在后来被称为国际主义风格。

一百多年来，平面设计的流派繁多，不断影响着平面设计的变革与发展。各个流派都遵循着“以人为本”的设计和评价标准，追求使平面设计产生更好的欣赏效果，使平面设计的功能性与美观性完美地结合。

1.2 平面设计所涵盖的领域

平面设计涵盖的领域

平面设计的常见用途包括海报、宣传单及折页、包装、书籍装帧、企业VI手册、新媒体设计等领域。

1.2.1 海报

海报这一名称，最早起源于上海，是一种宣传方式。旧时，海报是用于戏剧、电影等演出或活动的招贴，因此也称为招贴，作为剧目演出信息的具有宣传性的招揽顾客的张贴物，因此，人们把它叫作“海报”。海报具有较典型的平面设计形式特性，比如包含各种视觉设计的基本要素。它的表现手法和设计理念是众多广告媒介中较为典型的一种。海报主要包括活动的性质、主办单位、时间、地点等内容，多用于影视剧和新品宣传中，利用图片、文字、色彩、空间等要素进行完整的结合。图1-1-4所示为中秋节海报。

图1-1-4　中秋节海报

海报具有尺寸大、远视强、艺术性高的特点。

（1）尺寸大。海报通常要张贴于公共场所，会受到周围环境和各种因素的干扰，所以必须以大画面及突出的形象和色彩展现在人们面前。其画面尺寸有全开、对开、长三开及特大画面（八张全开）等。

（2）远视强。除了尺寸大之外，为了给来去匆匆的人们留下视觉印象，海报设计还要充分体现定位设计的原理。以突出的商标、标志、标题、图形，或对比强烈的色彩，或大面积的空白，或简练的视觉流程使海报成为视觉焦点。

（3）艺术性高。海报包括商业海报和非商业海报两大类。其中，商品海报的表现形式以具有艺术表现力的摄影、造型写实的绘画或漫画形式为主，给消费者留下真实感人的画面和富有幽默情趣的感受。非商业海报，内容广泛、形式多样，艺术表现力丰富。特别是文化艺术类的海报，根据广告主题可以充分发挥想象力，尽情施展艺术手段。许多追求形式美的画家都积极投身到海报的设计中，用自己的绘画语言设计出风格各异、形式多样的海报。

海报设计应坚持以下原则：

（1）统一性原则。设计海报就像设计其他任何图像艺术一样，很容易造成混乱。在设计过程中，设计师必须对整个流程有一个清晰的顺序并逐一落实。海报设计必须从一开始就要保持一致，包括标题、资料的选用。如果没有统一，海报将会变得混乱不堪，难以卒读。所有的设计元素必须以适当的方式组合成一个有机的整体。

（2）关联性原则。要让作品具有一致性，第一个原则是采用关联原则，也可称为分组。关联性是基于物以类聚的原则。如果在一个页面里看到各个组成部分被井井有条地放在一起时，我们就会试着去理解它们，总认为它们就是一组的，而并不理会实际上这些不同部分是否真的相似或关联。

（3）重复性原则。使作品具有一致性的方法就是对形状、颜色或某些数值进行重复。当看到一个设计元素在一个平面里其不同部分被反复应用，我们的眼睛自然就会跟随着它们，有时就算它们并不是放在一起，但我们的视觉仍会将它们视作一个整体。我们会潜意识地在它们之间画上连线。

应用重复最简单的方法就是在海报的背景中创造一个图案然后重复应用。在背景中这些重复的图案会产生一种很有趣的视觉及构图效果，然后将背景与前景的元素连接起来。

（4）延续性原则。延续通常与重复一起应用，当一位设计师应用延续的方式设计时，作品中的对象组合在一起，引导观众去到另一个位置上。

（5）协调性原则。无论是协调的构图还是不协调的构图都能够使海报的版面具有强烈的视觉效果。在观看作品时，我们总在心里设想会有一条垂直的中轴线及两边都对称的构图。协调对于设计来说特别重要，因为海报总是作为单独的个体出现，在它的周围并没有其他东西使在视觉上有其他的支撑点。

海报一般由标题、正文和落款三部分组成。

1. 标题

海报的标题写法较多，大体有以下 3 种形式：

（1）单独由文种名构成，即在第一行中间写上“海报”字样。

（2）直接由活动的内容承担题目，如“舞讯”“影讯”“球讯”等。

（3）可以是一些描述性的文字，如“××× 再显风采”“××× 旧事重提”。

2. 正文

海报的正文要求写清楚以下内容：

（1）活动的目的和意义。

（2）活动的主要项目、时间、地点等。

（3）参加的具体方法及一些必要的注意事项等。

3. 落款

海报的落款要求署上主办单位的名称及海报的发文日期。

在实际的使用中，有些内容可以少写或省略。

海报写作的注意事项如下：

（1）海报一定要具体真实地写明活动的地点、时间及主要内容，文中可以用些鼓动性的词语，但不可夸大事实。

（2）海报文字要求简洁明了，篇幅要短小精悍；海报的版式可以做一些艺术性的处理，以吸引观众。

关于海报的具体做法及详细说明详见本书项目 1。

1.2.2 宣传单及折页

1. 宣传单

宣传单又称宣传单页或传单，是商家为宣传自身而设计制作的一种印刷品，对宣传活动和促销商品有着重要的作用，一般为单张双面印刷或单面印刷，单色或多色印刷。宣传单一般分为两大类，一类的主要作用是推销产品、发布一些商业信息或寻人启事之类；另一类是义务宣传，例如宣传义务献血、征兵等。宣传单主要是指四色印刷机彩色印刷的单张彩页，也包括单色印刷机印刷的单色宣传单，通常印刷厂印刷的宣传单是用 157 克双铜纸拼版印刷而成。图 1-1-5 所示为母亲节主题宣传单。

图 1-1-5　母亲节主题宣传单

下面给出宣传单的设计要点。

（1）标题。标题是表达宣传单主题的文字内容，应具有吸引力，能吸引读者，引导读者阅读宣传单正文，观看宣传单插图，标题要用较大号字体，要安排在宣传单画面最醒目的位置，应注意配合图形造型。标题与图形必须互相配合，相辅相成，组合在一起的标题与图形应该能够准确传达出宣传的主题。标题是设计的重点，图形起陪衬作用。标题字体很大，左对齐，正好使最下面单词的右边可以排布下文字，字体大小产生强烈的对比效果。这种设计手法非常简单而且充满乐趣，还可以与很多不同字体配合。在大图形小标题的处理方式中，图形是主要部分，但图形传达的信息不像文字那么直接。图形的作用是创造一种感觉和氛围。

（2）正文。宣传单的正文是说明宣传内容的文体，基本上是标题的发挥。宣传单正文具体地叙述真实的事实，使观者去详细了解。设计宣传产品的文字要精练，言简意赅，文字对顾客要有很好的亲和力，文字宣传要朝着服务顾客、尊重顾客、顾客至上的方向去做，这样很容易让顾客接受。

（3）广告语。广告语是配合标题、正文加强商品形象的短语，应顺口易记，要反复使用，广告语必须言简意赅，在设计时可放在版面的任何位置。宣传单印刷设计，广告语必须吸引人，它和标题同样重要。

（4）插图。插图鲜艳绚丽，有形有色，具有较强的艺术感染力和诱惑力，突出主题，需要与标题相配合。

（5）标志。标志有商品标志和企业形象标志两大类。标志是广告对象借以识别商品或企业的主要符号。在宣传单设计中，标志不是宣传单版面的装饰物，而是重要的构成要素，在整个宣传印刷设计的版面中，标志造型最单纯、最简洁，视觉效果最强烈，在一瞬间就能看到，给消费者留下深刻的印象。

（6）公司名称。公司名称一般都放在宣传单版面下方次要的位置或者和商标放置在一起。

（7）色彩。用色彩来增强宣传单的注目效果以加强消费者的认识程度，可针对具体情况对上述某一个或几个要素进行夸张或强调。

不同的字体、大小、颜色会表达不同的意义。我们可以通过这些区别将信息进行分类。为了达到这种效果，同一类信息保持相同的风格，比如图片的注释都用相同的字体、颜色和大小，同时和正文相区别。

2. 折页

折页是比较常见的一种宣传品，成本低廉，方便携带和阅读，广受市场欢迎。图片、文字的版面安排至关重要，虽然只是一张纸，却让读者有不断深入阅读下去的乐趣。折页的方式可分为平行折页、垂直折页、混合折页、特殊折页等。平行折页法和特殊折页法（包括包心折页法、扇形折页法等）多用于折叠长条形的印刷品的设计，如广告、说明书、地图、书贴中的表和插图等。关于折页的具体做法及详细说明详见本书项目 2。图 1-1-6 所示为折页。

图 1-1-6　折页

按照折法，折页可以分为风琴折、关门折、普通折、十字折等，在本书项目 2 中将与任务同步进行详细介绍。

1.2.3　包装

包装为在流通过程中按一定技术方法而采用的容器、材料及辅助物等的总体名称，目的为保固产品、方便运输、促进销售等。包装设计就是对产品的内外包装进行总体设计。

（1）保护。保护是包装最基本的功能，保护商品不受外界物理或化学的侵入和损坏，如图 1-1-7 所示。

图 1-1-7　起保护作用的包装

（2）便于流通。包装为产品流通提供了条件和方便。将产品按一定的数量、形状、规格、大小及不同的容器进行包装，而且在商品包装外面通常都印有各种标志，反映被包装物的品名、数量、规格、颜色以及整体包装的体积、毛重、净重、厂名、厂址及储运中的注意事项等。图 1-1-8 所示体现了包装便于流通的作用。

图 1-1-8　便于流通的包装

（3）商品促销。精美的产品包装可以促进商品销售。商品包装既能提高商品的市场竞争力，又能以其新颖独特的艺术魅力吸引顾客、指导消费，使消费者更容易注意商品和产生购买欲。图 1-1-9 所示的包装更能吸引消费者。

图 1-1-9　吸引消费者的包装

（4）方便消费。包装便于消费者携带、保存和使用。将商品的必要信息在包装上标明，既方便消费者辨认，又介绍了商品的成分、性质、用途、使用和保管方法，起着方便与指导消费的作用，如图 1-1-10 所示。

图 1-1-10　方便消费的包装

包装设计的原则有以下几点：

（1）定位准确。设计要符合产品的属性、档次、销售区域、销售对象等。

（2）信息完整。要有具体、详尽的文字说明，如品牌名称、产品名称、产品成分、用途、使用方法、容量、批号、规格、生产日期、联系方式等信息都是必不可少的。

（3）文化内涵。好的包装设计应能体现企业的文化内涵，比如一些国际名牌产品的包装总是能让人联想到它们的企业形象和理念。

关于包装的具体做法及详细说明详见本书项目3。

1.2.4 书籍装帧

书籍装帧设计是通过对书的封面、文字、插图等元素进行编排、组织来体现书籍作品的内容、思想、风格的设计活动，它包含了艺术思维、构思创意和技术手法的系统设计。书籍装帧设计可以分为3个主要部分，即封面设计、版式设计和插图。

书籍装帧的设计以方便阅读、表现内容、适应读者要求、适应陈列展示要求为目的，按照内容可以分为文艺类书籍装帧设计、科普类书籍装帧设计、儿童读物装帧设计、画册装帧设计等。

书籍装帧设计的基本结构有以下几种：

（1）平装书籍封面的结构。平装书籍封面又叫无护封无勒口软封面，由封面、封底和书脊构成，如图1-1-11所示。

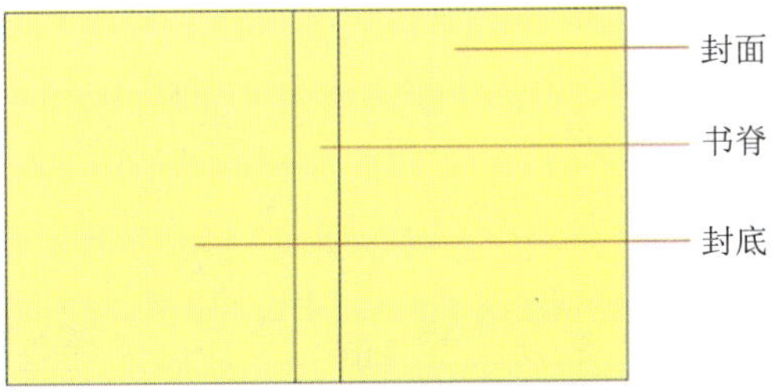

图1-1-11　平装书籍封面的结构

（2）简精装书籍封面的结构。简精装书籍的封面由勒口、封面、封底、书脊构成。此结构可以是无护封有勒口的软封面，也可以是软封面的护封。图1-1-12所示为简精装书籍封面的结构。

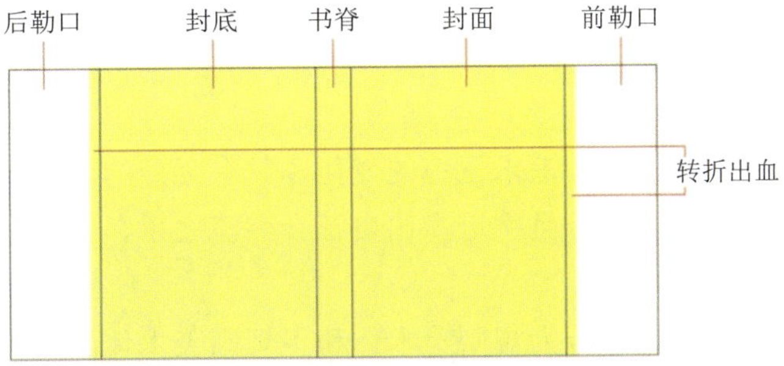

图1-1-12　简精装书籍封面的结构

（3）精装书籍封面的结构。精装书籍比简精装书籍更精致一些，结构要更复杂一些。常见的词典，如《现代汉语词典》（商务印书馆）就是精装书籍。图 1-1-13 所示为精装书籍封面的结构。

图 1-1-13　精装书籍封面的结构

封面设计对一本书的整体设计影响很大。它是书籍装帧设计艺术的门面，是装帧设计艺术的重要组成部分。封面设计需要遵循平衡、韵律与调和的造型规律，突出主题，大胆设想，运用构图、色彩、图案等知识，设计出比较完美、典型、富有情感的封面。封面设计的成败取决于设计定位。

封面设计的三要素是图片、色彩和文字。设计者根据书籍的不同性质、用途和读者对象，把这三者有机地结合起来，从而表现出书籍丰富的内涵，并以一种传递信息为目的且具有美感的形式呈现给读者。

（1）图片。封面的图片以其直观、明确、视觉冲击力强、易与读者产生共鸣的特点成为设计要素中的重要部分。图片的内容丰富多彩，最常见的是人物、动物、植物、自然风光，以及一切人类活动的产物。

（2）色彩。封面的色彩处理是设计重要的一关。得体的色彩表现和艺术处理能在读者的视觉中产生夺目的效果。色彩的运用要考虑内容的需要，用不同色彩对比的效果来表达不同的内容和思想。在对比中寻求统一协调，以间色互相配置为宜，使对比色统一于协调之中。书名的色彩运用在封面上要有一定的分量，若纯度不够，就不能产生显著夺目的效果。另外除了绘画色彩用于封面外，还可用装饰性的色彩来表现。文艺书封面的色彩不一定适用于教科书，教科书、理论著作的封面色彩就不适合儿童读物。要辩证地看待色彩的含义，不能形而上学地使用。

（3）文字。封面文字中除书名外，均选用印刷字体。常用于书名的字体分为三大类：书法体、美术体、印刷体。

- 书法体。书法体笔画间追求无穷的变化，具有强烈的艺术感染力和鲜明的民族特色以及独到的个性，且字迹多出自社会名流之手，具有名人效应，受到广泛的喜爱。
- 美术体。美术体又可分为规则美术体和不规则美术体两种。前者作为美术体的主流，强调外型的规整，点划变化统一，具有便于阅读便于设计的特点，但较呆板。不规则美术体则强调自由变形，具有变化丰富、个性突出、设计空间充分、适应性强、富有装饰性的特点。不规则美术体与规则美术体及书法体相比较，既具有个性又具有适应性，所以许多书刊均选用不规则美术体。

- 印刷体。印刷体沿用了规则美术体的特点，吸纳了不规则美术体的变化规则，大大丰富了自身的表现力，而且借助计算机使印刷体在处理方法上既便捷又丰富，弥补了个性上的不足。

好的封面设计应该在内容的安排上做到繁而不乱，就是要有主有次，层次分明，简而不空，意味着简单的图形中要有内容，增加一些细节来丰富它。例如在色彩上、印刷上、图形的有机装饰设计上要多做些文章，使人看后有一种气氛、意境、格调。

关于装帧的具体做法及详细说明详见本书项目 4。

1.2.5 企业 VI 手册

企业 VI（Visual Identity），又称为企业形象的视觉识别，以无比丰富的多样的应用形式，在最为广泛的层面上，进行最直接的传播。设计科学、实施有利的视觉识别，是传播企业经营理念、建立企业知名度、塑造企业形象的快速便捷之途。

VI 设计的特征如下：

（1）识别性。企业 VI 设计的重要功能之一就是使企业形象具有可识别性。随着市场竞争的不断加剧，只有特征鲜明、易于识别和记忆、意义深刻、造型优美的企业 VI 才能在行业中脱颖而出，深刻打动大众，加深其对企业形象的理解。

（2）领导性。VI 设计是企业视觉传达要素的核心，企业 VI 标志的造型、色彩和应用方式直接决定了其识别要素的形式。企业视觉识别系统其他要素的建立都是围绕着企业 VI 标志而展开的。所以企业 VI 设计是企业经营理念和活动的集中体现，贯穿于企业所有的经营活动，具有权威性的领导作用。

（3）同一性。VI 设计代表了企业的经营理念、文化特征和价值取向，反映了企业的产业特征、经营理念，是企业精神的具体象征。

企业 VI 设计主要包括以下内容：

（1）封面、封底。

（2）企业的名称：VI 设计和企业的形象密切相关，一个 VI 设计必须要有企业的名称，而且还要具有独特性，能够让大家很容易地记住。

（3）前言部分：公司简介及 Logo 设计理念。

（4）目录：基础部分所有分支、应用部分所有分支。

（5）基础部分：企业标志设计、企业标准色、企业标准字体、印刷字体规范、企业辅助图形、错误应用。

（6）应用部分：是将企业基础部分的规范如企业标志、企业名称、标准色、广告语等附加到企业的一些实物上，以体现企业文化。

1.2.6 新媒体设计

新媒体设计是指为新兴的计算机化、数字化和网络化数据技术及其实现所涉及的通信技术创造信息和数据的概念。新媒体设计与互联网、计算机技术、视频游戏、网站一起工作。它不同于旧媒体设计，如电影、电视、杂志、文学或任何其他印刷格式。下面以网页、APP 为例来讲解新媒体设计中需要注意的要点。

1. 网页的设计

（1）整体布局设计。网页设计要讲究编排和布局。网页如何布局，尤其是产品页面布局，会直接影响用户浏览网页的便捷性。虽然主页的设计不等同于平面设计，但它们有许多相近之处，应充分加以利用和借鉴。版式设计通过文字图形的空间组合，表达出和谐与美。多页面站点的页面编排设计要求把页面之间的有机联系反映出来，特别要处理好页面之间和页面内的秩序与内容的关系。

（2）对比。在页面设计中，重要的产品或者内容通过巧妙的衬托和对比显示出自身更加重要。对比也是网页设计中突出界面视觉层次关系的一个重要手段。通过对比，会让重要的更加重要，不重要的更加被边缘化。

（3）网页形式与内容相统一。要将丰富的意义和多样的形式组织成统一的页面结构，形式语言必须符合页面的内容，体现内容的丰富含义。运用对比与调和、对称与平衡、节奏与韵律、留白等手段，通过空间、文字、图形之间的相互关系建立整体的均衡状态，产生和谐的美感。如对称原则在页面设计中，它的均衡有时会使页面显得呆板，但如果加入一些富有动感的文字、图案，或采用夸张的手法来表现内容往往会达到比较好的效果。

（4）色彩的运用。色彩是艺术表现的要素之一，在网页设计中，根据和谐、均衡和重点突出的原则，将不同的色彩进行组合、搭配构成美丽的页面。根据色彩对人们心理的影响，合理地加以运用，按照色彩的记忆性原则，一般暖色较冷色的记忆性更强一些。色彩还具有联想与象征的特质，如红色象征血、太阳，蓝色象征大海、天空和水面等。

2. APP 的设计

（1）内涵。设计 APP 时，应从目标用户群的行为特征、需求分析，以及 APP 的核心竞争力和主题背景这 4 个方面入手，同时也要为 APP 选择合适的视觉象征符号，通过象征、隐喻和故事等手段，将 APP 的抽象理念通过实际的视觉载体呈现。

（2）图形。APP 的图形设计能让用户更加深刻直接地了解 APP 的作用，同时又能让 APP 将信息更直接地表意于用户。设计 APP 图形时需要考虑以下问题：

1）形状：UI 设计只有合理安排点、线、面，才能设计出具有最佳视觉效果的图形，并充分表达出图形最终的目的。

2）尺寸：通过改变图形大小突出元素的重要性，同时更清晰地传达信息的层次结构，提升界面的使用效率。

3）材质纹理：在 UI 设计中，材质纹理指的是界面的纹理和元素的具体材质，例如在可拖拽窗口的边缘增加突起效果，用户就会明白这个是可拖拽的。

（3）文字。文字在UI设计中是非常重要的元素，它不仅能更好地向用户传递界面的信息和情感，还能提高内容传播的速度。字体的结构、笔画、细节变化可以反映它的性格，从而给人不同的视觉感受。

（4）色彩。APP设计中的色彩搭配不仅要考虑这颜色能否吸引用户的注意力，同时还需要考虑该颜色所带来的情感或感觉，否则会让用户在操作过程中因为界面色彩搭配混乱而产生疑惑，甚至是质疑和厌恶。

（5）布局。好的界面布局能让用户快速找到想要的内容，同时还能让界面信息变得更清晰有条理，帮助用户将注意力集中到重要内容上，并且增加UI设计的可用性，让界面变得更加美观。

1.3 当代优秀平面设计师介绍

1.3.1 国内优秀设计师

1. 靳埭强

靳埭强，男，1942年生于广东番禺，中央美术学院客座教授。

靳埭强1957年定居香港，先为学徒，后做裁缝师。他曾在香港中文大学校外进修部攻读设计课程，1967年从事设计工作，成为享誉世界的设计大师，是中国首屈一指的平面设计专才，其作品被德国、丹麦、法国、日本、中国香港等多个国家或地区的美术博物馆收藏。靳埭强在平面设计界是当之无愧的大师级人物。他获得过300多个设计类的奖项，其中很多是国际平面设计界一流的大奖。1999年靳埭强因为对设计界的杰出贡献被授予中国香港紫荆勋章。

靳埭强的作品如图1-1-14所示。

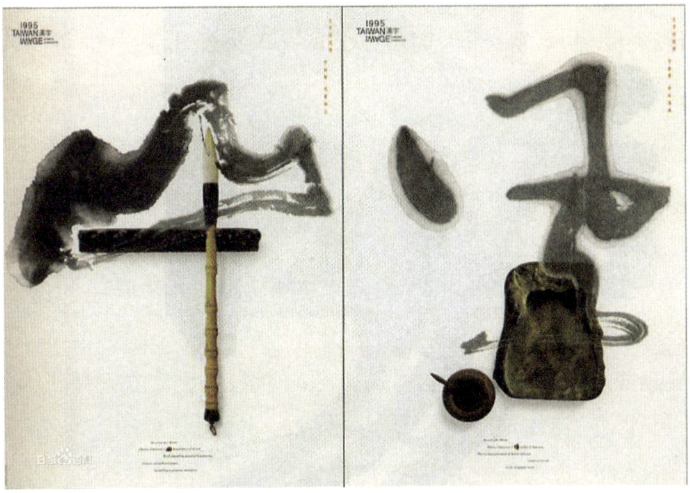

图1-1-14 靳埭强的作品

2. 吕敬人

吕敬人，书籍设计师、插图画家、视觉艺术家，师从神户艺术工科大学杉浦康平教授，现任清华大学美术学院教授、全国书籍装帧艺术委员会副主任、中央各部门出版社装帧艺术委员会主任、中国美术家协会插图装帧艺术委员会委员，1996 年起享受国家政府特殊津贴，不仅在国内国际的展览、比赛上获得过金奖，而且还编、译、写过数本书籍装帧、设计方面的著作。

获奖作品：1981 年《蛇类》获全国书籍装帧艺术展封面设计优秀奖；1984 年《秦一世、秦二世》文学插图入选捷克斯洛伐克国际插图展；1986 年《生与死》获第三届全国书籍装帧艺术展封面设计银奖；1995 年《中国民间美术全集》获第四届全国书籍装帧艺术展整体设计金奖，《黑与白》获第四届书籍装帧展区设计金奖，《三 S 之行》获第三届全国优秀妇女读物书籍装帧金奖；1997 年《书籍形态学探议》获全国第三届书籍装帧研究成果金奖。

吕敬人的作品如图 1-1-15 所示。

图 1-1-15　吕敬人的作品

1.3.2　日韩优秀设计师

1. 福田繁雄

福田繁雄，1932 年生于日本，1951 年毕业于岩手县立福冈高等学校，1956 年毕业于东京艺术大学，1967 年举办 IBM 画廊个展（纽约），1997 年获日本通产省设计功劳奖——紫绶勋章，1998 年任东京艺术大学美术馆评委，曾任日本平面设计协会主席、国际平面设计联盟（AGI）会员、东京艺术大学兼职教授、日本图形创造协会主席、国际广告研究设计中心名誉主任，于 2009 年去世。

福田繁雄教授是世界三大平面设计师之一，被誉为“五位一体的视觉创意大师”，即多才多艺的全能设计人、变幻莫测的视觉魔术师、推陈出新的方法实践家、热情机智的人道关怀者、幽默灵巧的老顽童。他的设计理念及设计作品享誉世界，对 20 世纪下半叶的设计界产生了深远的影响，在现行的每一本平面设计教材中几乎都能发现他的作品。

福田繁雄的作品如图 1-1-16 所示。

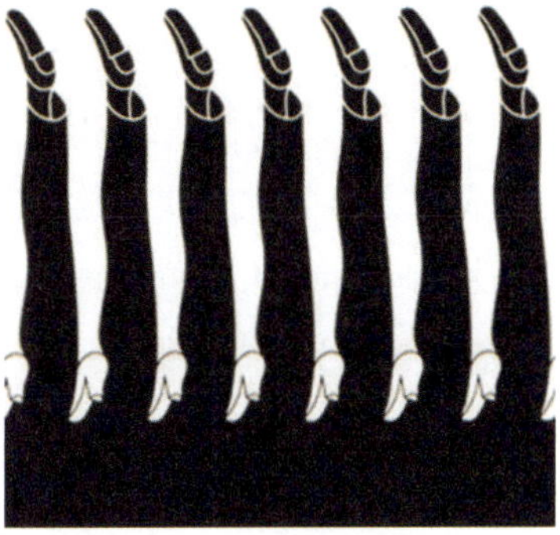

图 1-1-16　福田繁雄的作品

2. 田中一光

田中一光，1930 年生于日本，1950 年毕业于日本京都美术学院，后与人合作创办日本设计中心，1960 年成为该中心的艺术指导，1963 年成立了田中一光设计工作室。其曾在“日本之历史”大型博览会（大阪）、“海洋文化”博览会（冲绳）中负责整体设计，在日本 Seibu 艺术博物馆、纽约 Cooper 协会、洛杉矶文化交流中心和巴黎 Public 博物馆举办过个人展，曾获得华沙国际海报双年展银奖、东京 ADC（广告联盟）优秀奖。

田中一光在世界平面设计界中占有相当重要的地位。他把现代设计观念揉和到日本传统艺术中，作品带有优雅、素净和单纯的个性，富有一定的表现主义色彩，设计语言简洁洗练、意境清新、形式优美，在融合东西方传统美学观念与东西方文化特征之间有独到的思路与手法，以其独特的表现形式和视觉语言，以及鲜明的个性，在日本设计界掀起了一场对传统精神的再创造运动。

田中一光的作品如图 1-1-17 所示。

图 1-1-17　田中一光的作品

1.3.3 欧洲优秀设计师

1. 冈特·兰堡（Gunter Rambow）

冈特·兰堡，德国设计大师，1938 年出生，1963 年毕业于卡塞尔艺术学院。1960 年 22 岁的冈特·兰堡在法兰克福成立了自己的图形摄影工作室，对世界现代设计的发展起着巨大的推动作用，设计界、设计理论界的人们称德国为现代设计和现代设计教育的摇篮。他的作品因具有独特的风格、富有魅力的视觉语言、具有创造力的表现形式而被波兰华沙的韦尔杰洛招贴广告博物馆、科特巴斯国立美术馆、法国巴黎招贴广告博物馆、德国国立席劳动力文化艺术成就博物馆、柏林美术图书馆、卡塞尔国立美术珍藏馆等国际博物馆、大学以及文化机构收藏，他也被称为世界杰出的“视觉诗人”。

冈特·兰堡的作品如图 1-1-18 所示。

2. 霍尔戈·马蒂斯（Holger Matthies）

霍尔戈·马蒂斯 1940 年出生于德国汉堡市，1961—1962 年就读于普福尔茨海姆造型艺术大学，1962—1966 年就读于汉堡德累斯顿造型艺术学院，1966 年开始自由平面设计生涯。他成为了汉堡普福尔茨海姆造型艺术大学等一些学院的客座教授，1994 年担任柏林艺术大学视觉传达系的教授。他的艺术创作充满了前卫、尖锐、富有挑衅性而又诗意的精神。在教学活动中，他一贯倡导异想天开、冒险、试验和挑衅的精神。霍尔戈·马蒂斯的海报成就举世瞩目，曾获得大量国际奖项。

霍尔戈·马蒂斯的作品如图 1-1-19 所示。

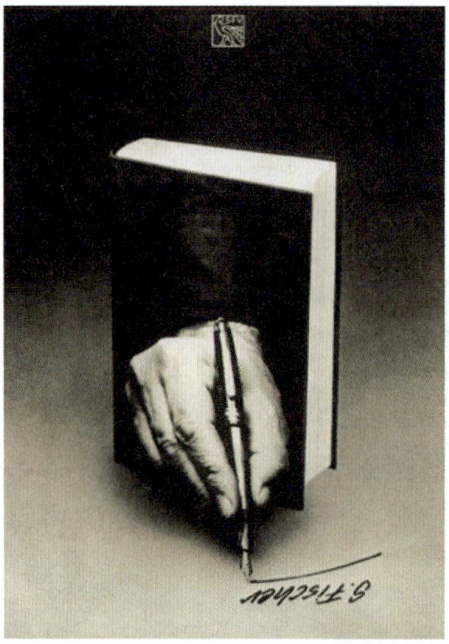

图 1-1-18 冈特·兰堡的作品

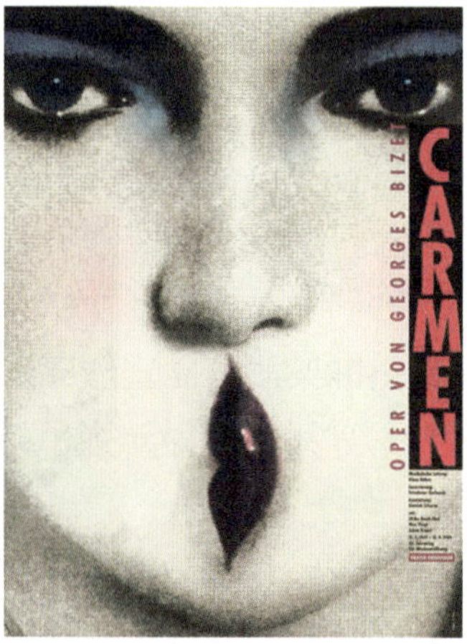

图 1-1-19 霍尔戈·马蒂斯的作品

思考与练习

1．平面设计包含哪些元素？
2．简述平面设计的发展历程。
3．简述宣传单和折页的联系与区别。
4．简述包装的作用。
5．书籍设计的基本结构有哪几种？
6．简述我国当代优秀平面设计师及其设计特点。

第 2 章　为平面设计做准备

本章导读

在进行平面设计之前，初学者需要做一些准备工作，了解平面设计的基本入门知识，从而为平面设计打下坚实的基础。本章主要介绍平面设计的操作环境、图像的采集与处理知识，以及必备的计算机图像基础知识。读者应在理解相关概念的基础上了解常见的数字图像格式及其适用范围，能区分屏幕分辨率与输出分辨率，重点掌握位图与矢量图，以及颜色模式等内容。

本章要点

- 主流平面设计软件的种类
- 常见的数字图像格式
- 位图与矢量图
- 各种颜色模式

2.1　平面设计的操作环境

作为一名合格的平面设计师，除了应具有过硬的技术外，还要对平面设计的操作环境十分熟悉。根据不同专业领域的需要，从事平面设计行业需要掌握不同的软件。例如，合成海报、广告设计、DM 单页设计等适合使用 Photoshop；矢量图形、Logo 设计、多篇幅项目排版设计则适合使用 Illustrator；商标设计、标志制作、模型绘制、插图描画、排版及分色输出等使用 CorelDRAW 更加方便。各个细分领域都有不同的专业软件，但 Photoshop 可很好地配合其他软件使用，因此它是必须掌握的。

2.1.1　主流的平面设计软件

1. Photoshop

Photoshop，简称 PS，是由 Adobe 系统公司开发和发行的图像处理软件。它的专长在于处理以像素构成的数字图像、对已有的位图图像进行编辑加工处理以及运用一些特殊效果，其重点在于对图像的处理加工，而不是图形创作。

虽然 Photoshop 是平面设计中的核心工具，但是很多平面设计的工作并不是只依赖于 Photoshop，还需要结合 CorelDRAW 等软件完成，所以平面设计始终是由 Photoshop 加其他软件一起共同完成的。

平面设计师要熟练地进行平面设计，就要熟练地使用 Photoshop，然后配合运用 Illustrator、CorelDRAW 等矢量绘图软件，最后把 Photoshop 和其他软件结合起来使用并结合平面设计整套经验。

2. Illustrator

Illustrator 是 Adobe 系统公司推出的基于矢量的图形制作软件，简称 AI，是一种应用于出版、多媒体和在线图像的工业标准矢量插画软件。其最大特征在于钢笔工具的使用，同时文字处理、上色等功能也很出色。Illustrator 不仅用于插图制作，在印刷制品设计制作方面也被广泛使用。

Illustrator 最初主要用来制作插画，后来被作为矢量软件使用。Illustrator 的常见应用范围有商业插画、Logo、字体、标志包装、海报、画册、UI 等。作为全球最著名的矢量图形软件，Illustrator 以其强大的功能和体贴用户的界面已经占据了全球矢量编辑软件中的大部分份额。

3. CorelDRAW

CorelDRAW 是加拿大 Corel 公司开发的平面设计软件，是一款专业的矢量绘图软件。该图像软件包含两个绘图应用程序：一个用于矢量图及页面设计，一个用于图像编辑。这套绘图软件组合使用户可以创作出多种富有动感的特殊效果及点阵图像，即时效果在简单的操作中就可得到实现，而不会丢失当前的工作。CorelDRAW 全方位的设计及网页功能可以融合到用户现有的设计方案中，灵活性十足。该软件为专业设计师及绘图爱好者提供了简报、彩页、手册、产品包装、标识、网页等的制作功能，它的智慧型绘图工具以及新的动态向导极大地降低了用户的操控难度，使用户更精确地创建物体的尺寸和位置，减少步骤，节省设计时间。

2.1.2 小巧易用的扩展插件

Photoshop 是数字图像处理领域的杰出软件，而且它允许第三方以插件的形式扩展其功能。滤镜插件的作用是针对图像的选择区域做出修改，其行为包括调节饱和度、亮度、对图像的滤波等，它在 Windows 下的扩展名是“.8BF”。

Photoshop 中常用的滤镜插件如下：

（1）Vertus Fluid Mask。Vertus Fluid Mask 是一款非常强大的智能抠图软件，相比于其他抠图软件，它操作更简单，可以通过模拟人眼和人脑的方法来实现高级、准确且快速的抠图功能，在处理图像的同时还能区分软边界和硬边界并进行相应的处理使最终的边缘和色彩过渡更加平滑。Vertus Fluid Mask 既可作为插件运行于 Photoshop，也可作为独立软件直接运行进行抠图，可以轻松创建超精细蒙版选区，在处理过程中会自动识别各种颜色的轮廓、纹理和阴影，并将它们分隔成迷宫状的各个小块，每个小块都可以单独或者分组选择，使得抠图和蒙版异常简单，这也使得 Vertus Fluid Mask 成为市场上最快、最精确的抠图软件。

（2）ArcSoft Portrait+。ArcSoft Portrait+ 是一款智能化的人像磨皮软件，通过世界上最尖端的人脸检测技术实现自动检测人像脸部进行磨皮。ArcSoft Portrait+ 还支持批量处理功能，可以同时处理上千张照片，简化操作流程。ArcSoft Portrait+ 操作简单，易于上手，只要轻点几下鼠标即可完成磨皮操作，即使普通用户也能轻松进行人物磨皮操作。

ArcSoft Portrait+ 与其他磨皮软件不同的是它可以整容，可以把胖脸整成瘦脸，小眼睛整成大眼睛，进行脸颊提拉等。

（3）Double USM Panel。Double USM Panel 是一款支持 Photoshop 的图像锐化插件，可以快速调整图像锐化度，查看实时调整效果。可以通过滑动模块来调整锐化度，让光晕更加精准自然，非常方便。

Double USM Panel 可以为暗晕设置半径、数量和阈值，为亮晕设置不同的半径、数量和阈值。

（4）Nik Collection。Nik Collection 是由 Google（谷歌）收购 Nik Software 后推出的一套专注于图像后期处理、调色的 PS 滤镜套装，受到摄影师和摄影爱好者青睐，是他们的必备软件。Nik Collection 在照片处理时展现出了强大的功能性，包括降噪、选择性编辑、高动态成像、图像美化、黑白照片和锐化 6 个 PS 滤镜插件。

（5）PTGui Pro。PTGui Pro 是一款专为全景照片拼接而打造的图像制作软件，支持任意数量图像拼接，是广大摄影爱好者和从业者必备的神器。它支持长焦、普通、广角和鱼眼镜头所拍摄的照片，支持创建普通、圆柱和球形全景照片，支持 HDR 拼接、蒙版、视点矫正、渐晕、曝光和白平衡校正等，可帮助用户快速制作一个完美的全景拼接图像。使用该软件制作出的全景风景照片气势磅礴，效果和一般数码相机拍摄出的照片完全不是一个级别，可以先用数码相机或者单反拍摄出大量风景照片，然后用 PTGui Pro 来进行后期加工，当然这属于专业摄影级别的范畴。

2.1.3 辅助外部设备

在平面设计中，有时还需要其他外部设备来辅助工作，如广泛应用的数位板。

数位板，又名绘图板、绘画板、手绘板等，如图 1-2-1 所示，是计算机输入设备，通常由一块板子和一支压感笔组成，它和手写板等非常规的输入产品相类似，都针对一定的使用群体，用作绘画创作方面，就像画家的画板和画笔。数位板的这项绘画功能是键盘和手写板所无法媲美的。

图 1-2-1 数位板

数位板有个感应高度，在压感笔没有接触数位板板面的时候，屏幕光标是有感应的，能够移动到对应的落笔位置。只要压感笔与数位板之间的距离小于或等于 10mm，数位板就能感应到压感笔的移动，屏幕光标就会跟着同步移动，借助这一点可以在落笔前知道大概能落到的位置，通过不断地熟悉就能很好地把握落笔的精准度。在数位板上画画如同拿着笔在纸上画画，好的硬件还需要好的软件的支持，数位板作为一种硬件输入工具，结合 Painter、Photoshop、墨客 M-Brush 等绘图软件，可以创作出各种风格的作品，如油画、水彩画、素描等。

对数位板的选择有 4 个核心要点：压感级别、分辨率、读取速度、绘画区域大小。

（1）压感级别。一般压感级别为 512（入门）、1024（进阶）、2048（专家）、8192。压感值越大，线条所表现出来的粗细和浓淡变化就越明显。

（2）分辨率。显示屏的分辨率有 2540、3048、4000、5080，分辨率越高数位板的绘画精度越高，画出来的线条越细腻。

（3）读取速度。读取速度，一般大于 100 点 / 秒就不会出现明显的延迟问题。新手所用数位板的分辨率达到 133 点 / 秒即可。专业级画手可以选择读取速度更快的数位板。如果读取速度达到 220 点 / 秒，延迟几乎没有。

（4）绘画区域大小。板面太小的数位板难以精准绘图，而且容易造成手臂肌肉关节的某处过度劳损，所以选择一块板面适当的数位板很重要。按个人需求，选择最适合的数位板。

2.2 图像的采集与处理

2.2.1 基础素材的采集

在平面设计中，经常可以通过多种方式来获取基础素材，如从 Internet 上下载，从计算机屏幕上直接获取，利用手机、数码相机或扫描仪扫描等方式直接采集，数字化仪输入，软件创作等。

（1）互联网下载。充分利用搜索引擎在互联网上通过关键字进行搜索，找到自己所需要的图像，下载到本地即可。如使用 www.baidu.com，单击“图片”选项，输入图片的关键字，在搜索结果中选择符合要求的图片，右击即可将图片另存。

（2）素材库光盘。目前很多公司、出版社制作了大量的分类图像素材库光盘，例如各种植物图片库、动物图片库、办公用品图片库等，光盘中的图片清晰度高、制作精良，而且同一幅图还以多种格式存储，这些光盘可以在书店等处买到。从素材库光盘中选择所需要的图像是一条捷径。

（3）屏幕捕捉或屏幕硬拷贝。屏幕捕捉可以使用 HyperSnap 和 Snagit 等屏幕截取软件或者键盘上的 PrintScreen 键实现。使用 HyperSnap 和 Snagit 等屏幕截取软件可以直接将当前活动窗口显示的画面置入剪贴板中，使用 PrintScreen 键可以对整个屏幕进行捕捉，在图像编辑软件中粘贴并保存；如果捕获屏幕中的某个窗口，可以使用 Alt+PrintScreen 键，然后在图像编辑软件中粘贴并保存。

（4）扫描输入。扫描输入是一种常用的图像采集方法。如果要把常见的传统纸质图输入到计算机中，可以通过彩色扫描仪将图扫描转换成计算机数字图像文件。对这些图像文件，还可以使用 Photoshop 等软件对颜色、亮度、对比度、清晰度、幅面大小等进行调整，优化图像。

（5）数码相机拍摄。数字摄影是近年来广泛使用的一种图像采集手段。数码相机使用光电耦合器，通过存储卡保存拍摄的图像并传送到计算机上，再使用 Photoshop 等软件进行处理后作为素材直接使用。

2.2.2 常见的数字图像格式与适用范围

常见的数字图像格式

数字图像格式指的是数字图像存储文件的格式。文件格式规定了图像的种类、色彩、压缩程度等信息，不同文件格式的数字图像其压缩方式、存储容量及色彩表现不同，在使用中也有所差异。

常见的数字图像格式有 JPEG、BMP、PNG、GIF、AI、CDR、TIFF、EPS 等。面对这种数字图像格式多样性发展的趋势，各种各样的图像格式转换软件应运而生。

1. JPEG 格式

JPEG（Joint Photographic Experts Group）格式是最为常见的图像文件格式，是一种广泛应用的图像格式。它是一种有损压缩格式，能够将图像压缩在很小的存储空间中，占用磁盘空间少，图像中重复或不重要的资料会被丢失，因此容易造成图像数据的损伤。JPEG 格式压缩的主要是高频信息，对色彩的信息保留较好，它可减少图像的传输时间，支持 24 位真彩色，也普遍应用于需要连续色调的图像中，适合应用于互联网。因此，JPEG 格式是目前网络和彩色扩印最为适用的图像格式。

JPEG 格式可分为标准 JPEG、渐进式 JPEG 和 JPEG2000 三种格式。

（1）标准 JPEG。这种格式的文件下载时是由上而下依序显示图像，直到图像资料全部下载完毕才能看到图像全貌。

（2）渐进式 JPEG。这种格式的文件下载时先呈现出图像的粗略外观，再慢慢地呈现出完整的内容，而且存成渐进式 JPEG 格式的文档比存成标准 JPEG 格式的文档占用空间更小，所以如果要在网页上使用图像，可以采用这种格式。

（3）JPEG2000。它是新一代的影像压缩法，压缩品质更高，并可改善在无线传输时常因信号不稳造成马赛克现象及位置错乱的情况。

2. BMP 格式

BMP（Bitmap）是一种与硬件设备无关的图像文件格式，也是最不容易出现问题的图像格式，DOS 和 Windows 均可兼容这种图像格式，使用非常广。它采用位映射存储格式，除了图像深度可选以外，不采用其他任何压缩，因此文件所占用的空间很大。

3. PNG 格式

PNG（Portable Network Graphics）又称为“可移植性网络图像”，是因特网常用的图像文件格式。它同时提供 24 位和 48 位真彩色图像支持以及其他诸多技术性支持，能产生无锯齿状边缘的背景透明度，支持无 Alpha 通道的 RGB、索引颜色、灰度和位图模式的图像。PNG 能够提供比 GIF 小 30% 的无损压缩图像文件，是 GIF 格式的无专利替代品。

4. GIF 格式

GIF（Graphics Interchange Format）是图形交换格式，用于以超文本标记语言（Hypertext Markup Language，HTML）方式显示索引彩色图像，在因特网和其他在线服务系统上得到广泛应用。GIF 不属于任何应用程序，目前几乎所有相关软件都支持它。GIF 图像文件格式已经成为网络上图像传输的通用格式，速度要比传输其他图像文件格式快得多。

GIF 是一种位图，采用的是 Lempel-Zev-Welch（LZW）压缩算法，最高支持 256 种颜色。由于这种特性，GIF 比较适用于色彩较少的图片，如卡通造型、公司标志等。GIF 格式和其他图像格式的最大区别在于，它完全是作为一种公用标准而设计的。

5. AI 格式

AI 格式是 Adobe 公司发布的矢量图片格式。它的优点是占用硬盘空间小，打开速度快，方便进行格式转换，是矢量软件 Illustrator 的专用格式。既可以在 CorelDRAW 中打开 AI 格式的文件，也可以将 CDR 格式的文件导出为 AI 格式，有较好的兼容性。

6. CDR 格式

CDR 格式是 Corel 公司旗下著名绘图软件 CorelDRAW 的专用图形文件格式。由于 CorelDRAW 是矢量图形绘制软件，所以 CDR 格式可以记录文件的属性、位置和分页等。但它在兼容度上比较差，只能在 CorelDRAW 应用程序中使用，其他图像编辑软件打不开此类文件。

7. TIFF 格式

TIFF（Tag Image File Format）是标签图像文件格式，主要用来存储照片和艺术图等，是一种灵活的位图格式。它对于色彩通道图像来说是非常有用的格式，具有很强的可移植性。TIFF 与 JPEG 和 PNG 都是流行的高位彩色图像格式。TIFF 格式在业界得到了广泛的支持，如 Adobe 公司的 Photoshop，The GIMP Team 的 GIMP、Ulead PhotoImpact 和 Paint Shop Pro 等图像处理应用软件，QuarkXPress 和 Adobe InDesign 这样的桌面印刷和页面排版应用软件，扫描、传真、文字处理、光学字符识别和其他一些应用等都支持这种格式。

TIFF 支持多种编码方法，包括 RGB 无压缩、RLE 压缩、JPEG 压缩等。

8. EPS 格式

EPS（Encapsulated Post Script）又称为带有预视图像的 PS，是桌面印刷系统普遍使用的通用交换格式。它是由一个 PostScript 语言的文本文件和一个（可选）低分辨率的由 PICT 或 TIFF 格式描述的图像组成。EPS 文件包括文件头信息的 PostScript 文件，利用文件头信息可使其他应用程序将此文件嵌入文档，例如 Alpha 通道、分色、剪辑路径、挂网信息和色调曲线等，因此常用于专业出版与印刷行业。

2.2.3 提供设计素材资源的网站

1. 站酷网（ZCOOL）

网站地址为http://www.zcool.com.cn。站酷网是中国设计师互动平台，深耕设计领域14年，可以下载专业完美的素材，提供矢量素材、PSD分层素材、图标素材、高清图片、原创作品等内容，聚集了中国绝大部分的专业设计师、艺术院校师生、潮流艺术家等年轻创意人群，是国内最活跃的原创设计交流平台，具有较高的影响力与号召力，是中国相当具有人气的大型综合性设计网站。图1-2-2所示为站酷网的Logo。

图1-2-2 站酷网的Logo

2. 昵图网

网站地址为http://www.nipic.com。昵图网是一个专业的素材设计共享和交易平台。该网站提供的各类素材均由网友上传而来，包括图库、图片、摄影、设计、矢量、PSD、AI、CDR、EPS、图片下载、共享图库等。昵图网是大部分设计师下载素材的首选网站。该网站的素材都需要共享分或昵币，有些素材还需要充值购买。图1-2-3所示为昵图网的Logo。

图1-2-3 昵图网的Logo

3. 素材中国

网站地址为http://www.sccnn.com。素材中国打造了中国最优秀的平面设计素材网站。该网站专注于提供平面广告设计素材下载，收集了很多商业广告的源文件（PSD、CDR、AI），其内容涵盖了图片、素材、壁纸、网页素材、动画素材、矢量图、PSD分层素材、3D、字体、图标等，部分资源需要收取一定费用（点数），但大部分是免费的。图1-2-4所示为素材中国网站的Logo。

4. 站长素材

网站地址为 http://sc.chinaz.com。站长素材网站是一个大型综合设计类素材网站，提供各类设计素材的收集下载，包括图片下载、网页模板、图标下载、酷站欣赏、QQ 表情、矢量素材、PSD 分层素材、音效下载、桌面壁纸、网页素材等。图 1-2-5 所示为站长素材网站的 Logo。

图 1-2-4　素材中国网站的 Logo

图 1-2-5　站长素材网站的 Logo

2.3　必备的计算机图像基础知识

在学习平面设计之前掌握一些计算机图像基础知识是非常必要的，这是平面设计师所必须具备的。

2.3.1　位图与矢量图

在计算机中，图像大致可以分为两种，即位图和矢量图。这两种类型的图像各具特色，也各有优缺点，并且两者之间具有良好的互补性。因此，在图像处理和绘制图形的过程中，将这两种图像交互使用、取长补短一定能使创作出来的作品更加完美。

位图与矢量图

1. 位图

位图（bitmap）也称为点阵图像或栅格图像，主要由多个色块（像素点）来描述图像。这些像素点可以进行不同的排列和染色以构成图样，包含了图像的某种颜色信息，不同颜色的像素点合并构成了图像的某种颜色信息。扩大位图尺寸的效果是增大单个像素，从而使线条和形状显得参差不齐。用数码相机拍摄的照片、扫描仪扫描的图片以及计算机截屏图等都属于位图。位图的特点是可以表现色彩的变化和颜色的细微过渡，产生逼真的效果，缺点是保存位图时位图的每个像素点占据相同长度的数据位，因此位图图像的体积比矢量图要大。常用的位图处理软件有 Photoshop（同时也包含矢量功能）、Painter 和 Windows 系统自带的画图工具等。

2. 矢量图

矢量图又称为向量图像，是由直线和曲线来描述的图形。构成这些图形的元素是一些点、线、矩形、多边形、圆和弧线等，以及颜色和位置等信息，都是通过数学公式计算获得的，保存时只需要保存描述图像的数学公式，因此矢量图像的体积往往比位图小，并且编辑后不会失真。

矢量图最大的优点是放大、缩小、旋转等都不会失真，最大的缺点是难以表现色彩层次丰富的逼真图像效果。

既然矢量图每个对象都是一个自成一体的实体，就可以在维持它原有清晰度和弯曲度的同时多次移动和改变它的属性而不会影响图例中的其他对象。这意味着它们可以按最高分辨率显示到输出设备上。

矢量图以几何图形居多，图形可以无限放大，不变色、不模糊，常用于图案、标志、VI、文字等的设计。

2.3.2 屏幕分辨率与输出分辨率

屏幕分辨率
与输出分辨率

1. 屏幕分辨率

屏幕分辨率就是屏幕图像的精密度，是指显示器所能显示的像素的多少。屏幕上的点、线和面都是由像素组成的，显示器可显示的像素越多，画面就越精细，同样的屏幕区域内能显示的信息也就越多，所以分辨率是个非常重要的性能指标。在屏幕尺寸一样的情况下，分辨率越高，显示效果就越精细和细腻。以分辨率为 1024×768 的屏幕来说，即每一条水平线上包含有 1024 个像素点，共有 768 条线，即扫描列数为 1024，行数为 768。分辨率不仅与显示尺寸有关，还受显像管点距、视频带宽等因素的影响。其中，它和刷新频率的关系比较密切。

2. 输出分辨率

输出分辨率是指在打印输出时横向和纵向两个方向上每英寸最多能够打印的点数，通常以“点 / 英寸”即 dpi（dot per inch）表示。最高分辨率就是打印输出的极限分辨率，指打印机所能打印的最大分辨率。

3. 屏幕分辨率与输出分辨率的区别

屏幕分辨率与输出分辨率主要有以下几点不同：

（1）主体不同。

1）输出分辨率是指打印输出时横向和纵向两个方向上每英寸最多能够打印的点数。

2）屏幕分辨率是指显示器能显示的像素点数。

（2）作用不同。

1）输出分辨率是衡量打印机打印质量的重要指标，决定了打印机打印图像时所能表现的精细程度，它的高低对输出质量有重要的影响，因此在一定程度上来说，输出分辨率也就决定了该打印机的输出质量。

2）屏幕分辨率是确定计算机屏幕上能显示多少信息的设置，以水平和垂直像素来衡量。就相同大小的屏幕而言，当屏幕分辨率低时（例如 640×480），在屏幕上显示的像素少，单个像素尺寸比较大。计算机中的屏幕分辨率如图 1-2-6 所示，推荐使用的屏幕分辨率为 1920×1080。

（3）特点不同。

1）输出分辨率越高，其反映出来可显示的像素个数就越多，可呈现出更多的信息和更好更清晰的图像。

2）屏幕分辨率在屏幕尺寸一样的情况下，分辨率越高，显示效果就越精细和细腻。

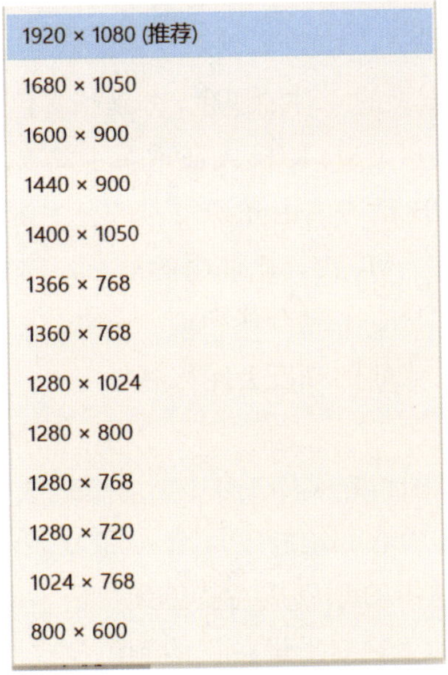

图 1-2-6　屏幕分辨率

2.3.3 颜色模式

颜色模式是指使用一组值表示颜色方法的抽象数学模式，将某种颜色表现为数字形式的模型，或者说是一种记录图像颜色的方式。颜色模式提供了各种定义颜色的方法，每种模式都是通过使用特定的颜色组件来定义颜色的。颜色模式中经常用到的有 RGB 模式、CMYK 模式、LAB 模式、HSB 模式、灰度模式 5 种。

颜色模式

1. RGB 模式

RGB 模式是使用最广泛的一种颜色模式。RGB 模式是一种加色模式，它通过加法混色法，即红、绿、蓝 3 种色光相叠加而形成更多的颜色。把 3 种基色交互重叠，就产生了次混合色：黄（Yellow）、青（Cyan）、紫（Purple）。基色和次混合色是彼此的互补色，即彼此之间最不一样的颜色。虽然可见光的频率有一定的范围，但我们在处理颜色时并不需要将每一种频率的颜色都单独表示。因为自然界中所有的颜色都可以用红、绿、蓝（RGB）这 3 种颜色频率的不同强度组合而得，这就是三基色原理。因此，这 3 种光常被人们称为三基色或三原色。RGB 3 种色彩的数值越大，颜色就越浅，如 3 种色彩的数值都为 255 时，颜色被调整为白色；RGB 3 种色彩的数值越小，颜色就越深，如 3 种色彩的数值都为 0 时，颜色被调整为黑色。

在数字视频中，对 RGB 三基色各进行 8 位编码就构成了大约 1677 万种颜色，这就是我们常说的真彩色。将 RGB 图像转换为其他图像模式时，可能会导致色彩丢失。同时，RGB 模式也不能直接转换为位图模式或双色调图像模式。电视机和计算机的显示器都是基于 RGB 颜色模式来创建的。

2. CMYK 模式

CMYK 模式是一种印刷模式，应用了色彩学中的减法混合原理，通过光的折射显示出颜色。CMYK 分别表示印刷上的 4 种油墨色，分别指青色（Cyan）、洋红色（Magenta）、黄色（Yellow）、黑色（Black）。CMYK 模式在本质上与 RGB 模式没有什么区别，只是产生色彩的原理不同。在 RGB 模式中由光源发出的色光混合生成颜色，而在 CMYK 模式中由光线照到有不同比例 C、M、Y、K 油墨的纸上，部分光谱被吸收后反射到人眼的光产生颜色。由于 C、M、Y、K 在混合成色时，随着 C、M、Y、K 四种成分的增多，反射到人眼的光会越来越少，光线的亮度会越来越低。

3. LAB 模式

LAB 模式是一种国际色彩标准模式，由 3 个通道组成，一个通道是透明度，即 L；其他两个通道是色彩通道，即色相和饱和度，用 A 和 B 表示。A 通道包括的颜色值从深绿到灰，再到亮粉红色；B 通道的颜色从亮蓝色到灰色，再到焦黄色。这些色彩混合后将产生明亮的色彩。它是一种“独立于设备”的颜色模式，即不论使用哪种显示器或者打印机，LAB 的颜色不变。

LAB 模式弥补了 CMYK 模式和 RGB 模式的不足。在这种模式下，图像的处理速度比在 CMYK 模式下快数倍，与 RGB 模式的速度相仿，而且在把 LAB 模式转成 CMYK 模式的过程中，所有的色彩都不会丢失或被替换。当 RGB 模式转换成 CMYK 模式时，RGB 模式先转换成 LAB 模式，再转换成 CMYK 模式，LAB 模式起着中介的作用。

4. HSB 模式

HSB 模式是一种更直观的色彩模式。它是由 RGB 三基色转换为 LAB 模式，再在 LAB 模式的基础上考虑了人对颜色的心理感受这一因素而转换成的。它由底与底对接的两个圆锥体立体模型来表示，其中轴向表示亮度，自上而下由白变黑；径向表示饱和度，自内向外逐渐变高；而圆周方向则表示色调的变化，形成色环。H 表示色相，纯色的意思，即组成可见光谱的单色，红色为 0 度，绿色为 120 度。S 表示饱和度，代表色彩的纯度，饱和度为 0 时即为灰色，黑白两种色彩没有饱和度。B 表示亮度，即色彩的明亮程度，最大亮度是色彩最鲜明的状态，黑色的亮度为 0。

5. 灰度模式

灰度模式形成的灰度图又称为 8bit 深度图。每个像素用 8 个二进制位表示，可以使用多达 256 级灰度来表现图像，使图像的过渡更平滑细腻。当色彩文件被转换为灰度文件时，所有的颜色信息都将从文件中丢失。灰度图像的每个像素有一个 0（黑色）和 255（白色）之间的亮度值。灰度值也可以用黑色油墨覆盖的百分比来表示（0% 等于白色，100% 等于黑色）。使用黑白或灰度扫描仪产生的图像常以灰度显示。

思考与练习

一、选择题

1．下列文件格式中不支持无损压缩的是（　　）。

A．PNG　　B．JPEG　　C．Photoshop　　D．GIF

2．下列说法中正确的是（　　）。

A．GIF 是一种位图

B．JPEG 是一种有损压缩格式

C．JPEG 是一种与硬件设备无关的图像文件格式

3．下面对矢量图和位图描述正确的是（　　）。

A．矢量图的基本组成单元是像素

B．位图的基本组成单元是锚点和路径

C．Illustrator 图形软件能够生成矢量图

D．Photoshop 能够生成矢量图

4．当将 CMKY 模式的图像转换为多通道时，产生的通道名称是（　　）。

A．青色、洋红和黄色　　B．4 个名称都是 Alpha 通道

C．4 个名称为 Black（黑色）的通道　　D．青色、洋红、黄色和黑色

5．以下色彩模式之间的转换无法实现的是（　　）。

A．RGB 转换为 CMYK　　B．CMYK 转换为 RGB

C．RGB 转换为灰度　　D．RGB 转换为位图

6．下列色彩模式中色域最广的是（　　）。

A．RGB　　B．CMYK　　C．灰度　　D．LAB

7．图像分辨率的单位是（　　）。

A．dpi　　B．ppi　　C．ipi　　D．pixel

二、思考题

1．平面设计软件有哪些？各有什么特点？

2．Photoshop 中常用的滤镜插件有哪些？

3．数位板的核心要点是什么？

第 3 章　色彩 / 图形 / 文字的基础知识

本章导读

通过本章学生可以分别从色彩、图形和文字 3 个方面理解平面设计的基本原理，初步了解色彩对心理的影响，并学会从心理学的角度考虑如何运用色彩进行更有效的设计，从而达到提高设计效果的目的。在图形设计上主要介绍图形的基础形式原理中形式美的基本概念和常见规律，对文字主要介绍衬线字体和无衬线字体的基本概念，字号、字体和字距等文字的基本属性，以及基本的图文混排规律。

本章要点

- 色彩对心理的影响
- 图形的基础形式原理
- 字体基本特征

色彩的心理联想

3.1　色彩对心理的影响

关于色彩与人类心理关系的研究越来越多，已经延伸出“色彩心理学”这个学科，可见人们已经慢慢认识到色彩对人类心理存在的影响是客观的，而且这门学问也已经开始用于解决现实生活中的心理问题。在不同的年代、不同的意识形态、不同的领域，人们可能有着不同的颜色喜好。但是人类共有的生理机制和类似的外部刺激，使得色彩在心理上的作用也是大同小异。现在人们已经开始应用色彩对人心理的影响进行商业活动，达到传递商品信息、促进消费的目的。

1. 原色

原色又称第一次色或基色，即用以调配其他色彩的基本色。三原色分为两类，一类是色光三原色：R（Red，红）、G（Green，绿）、B（Blue，蓝），RGB 三色混合在一起就变成白色；一类是颜料三原色，根据太阳光谱绘成的颜料色环，其中红、黄、蓝为三原色。这三个基本色不可能用其他颜色调配出来，但三原色可以调配出其他各种色相的色彩。三原色是色彩中最纯正、鲜明、强烈的基本色，如图 1-3-1 所示。

2. 间色

由两个原色相混合的色彩称为间色，即红调黄得橙、黄调蓝得绿、蓝调红得紫。由此，可产生红、橙、黄、绿、蓝、紫六色色环。如将 6 种色与相邻色相再调合，就可以再得 6 个间色，即红橙、黄橙、黄绿、蓝绿、蓝紫、红紫。这样可绘制成 12 色色相环，如图 1-3-2 所示。

图 1-3-1　三原色

图 1-3-2　色相环

3. 复色

如果将两个间色（橙与绿、绿与紫、紫与橙相混合）或者一个原色和一个间色（如红与绿、黄与紫、蓝与橙）混合均可得复色。由此可见，复色包含了三原色的成分，成为色纯度较低的含灰色彩。

3.1.1　色彩的三要素

人眼看到的任一彩色光都是色调（色相）、饱和度和明度这 3 个特性的综合效果，这 3 个特性即为色彩的三要素，其中色调与光波的频率有直接关系，亮度和饱和度与光波的幅度有关。

1. 色调（色相）

色彩是由于物体上的物理性的光反射到人眼视神经上所产生的感觉。色的不同是由光的频率的高低差别所决定的。色相，指的是这些不同频率的色的情况。频率最低的是红色，最高的是紫色。把红、橙、黄、绿、蓝、紫和处在它们各自之间的红橙、黄橙、黄绿、蓝绿、蓝紫、红紫这 6 种中间色共计 12 种色作为色相环。在色相环上排列的色是纯度高的色，被称为纯色。这些色在环上的位置是根据视觉和感觉的相等间隔来进行安排的。用类似这样的方法还可以再分出差别细微的多种色来。在色相环上，与环中心对称并在 180 度的位置两端的色被称为互补色，如图 1-3-3 所示。

2. 饱和度

用数值表示色的鲜艳或鲜明的程度称为饱和度。有彩色的各种色都具有饱和度值，无彩色的色的饱和度值为 0，对于有彩色的色的饱和度（纯度）的高低，区别方法是根据这种色中含灰色的程度来计算。饱和度由于色相的不同而不同，而且即使是相同的色相，因为明度的不同，饱和度也会随之变化，如图 1-3-4 所示。

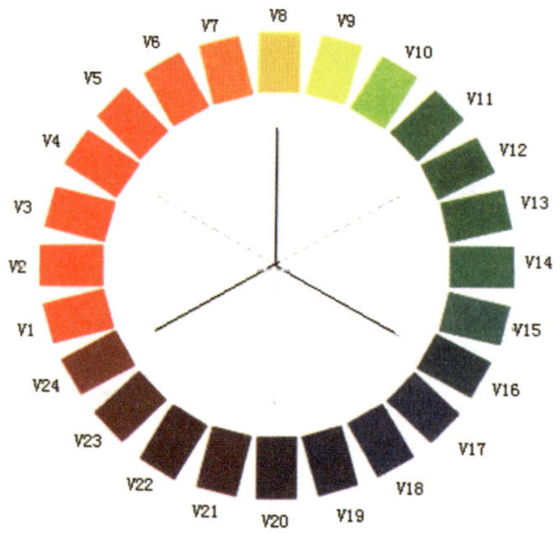

图 1-3-3　互补色

图 1-3-4　饱和度

3. 明度

表示色所具有的亮度和暗度被称为明度。计算明度的基准是灰度测试卡，黑色为 0，白色为 10，在 0 和 10 之间等间隔地排列为 9 个阶段，如图 1-3-5 所示。色彩可以分为有彩色和无彩色，但后者仍然存在着明度。作为有彩色，每种色各自的亮度、暗度在灰度测试卡上都具有相应的位置值。饱和度高的色对明度有很大的影响，不太容易辨别。在明亮的地方鉴别色的明度是比较容易的，在暗的地方就难以鉴别。

图 1-3-5　灰度测试卡

3.1.2　色彩的感知觉

感觉是感受器——眼、耳等器官中的结构——所产生的表示身体内外经验的神经冲动过程，是人对外界刺激的即时、直接的反应。

现代心理学将感觉根据承受的不同分为 3 类：外受——对外界的感受；内受——对自身的感受；本受——对运动的感受。而感觉的主要功能可以分为两个方面：①生存需要，帮助人类适应外界环境；②获得各种生物意义上的快乐体验。

不同波长色彩的光信息作用于人的视觉器官，通过视觉神经传入大脑，然后经过思维，与以往的记忆及经验产生联想，从而形成一系列的色彩心理反应。这就是色彩的心理，通过这些色彩心理的体验产生一些联想，这就是色彩的感知觉。

1. 色彩的冷暖感

色彩本身并无冷暖的温度差别，是视觉色彩引起人们对冷暖感觉的心理联想。

（1）暖色。人们见到红、红橙、橙、黄橙、红紫等色后，马上会联想到太阳、火焰等物象，产生温暖、热烈、危险等感觉。

（2）冷色。见到蓝、蓝紫、蓝绿等色后，则很容易联想到太空、冰雪、海洋等物象，产生寒冷、理智、平静等感觉。

色彩的冷暖感觉，不仅表现在固定的色相上，而且在比较中还会显示其相对的倾向性。如同样表现天空的霞光，用玫红画朝霞那种清新而偏冷的色彩，感觉很恰当，而描绘晚霞则需要暖感强的大红。但如与橙色对比，前面两色又都加强了寒感倾向，如图 1-3-6 所示。

图 1-3-6　色彩的冷暖感

2. 色彩的轻重感

色彩的轻重感主要与色彩的明度有关。明度高的色彩使人联想到蓝天、白云、彩霞、花卉、棉花、羊毛等，产生轻柔、飘浮、上升、敏捷、灵活等感觉；明度低的色彩易使人联想到钢铁、大理石等物品，产生沉重、稳定、降落等感觉，如图 1-3-7 所示。

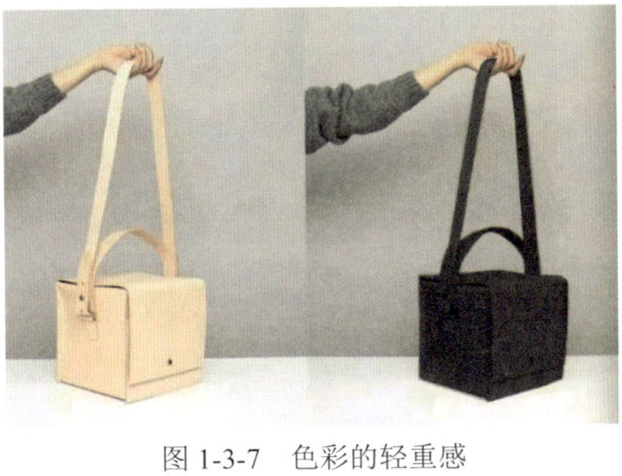

图 1-3-7　色彩的轻重感

3. 色彩的软硬感

色彩的软硬感主要也来自色彩的明度，但与纯度也有一定的关系，如图 1-3-8 所示。明度越高感觉越软，明度越低感觉越硬，但白色却相反。明度高、纯度低的色彩有软感，中纯度的色彩也呈软感，因为它们易使人联想到骆驼、狐狸、猫、狗等动物的皮毛或毛呢、绒织物等。高纯度和低纯度的色彩都呈硬感，若它们明度又低则硬感更明显。色相与色彩的软硬感几乎无关。

图 1-3-8　色彩的软硬感

4. 色彩的前后感

各种不同波长的色彩在人眼视网膜上的成像有前后，红、橙等波长较长的色彩在内侧成像，感觉比较迫近；蓝、紫等波长较短的色彩在外侧成像，在同样距离内感觉就比较后退。实际上这是视错觉的一种现象，一般暖色、纯色、高明度色、强烈对比色、大面积色、集中色等有前进感觉，相反，冷色、浊色、低明度色、弱对比色、小面积色、分散色等有后退感觉，如图 1-3-9 所示。

图 1-3-9　色彩的前后感

5. 色彩的大小感

由于色彩有前后的感觉，因而暖色、高明度色等有扩大、膨胀感，冷色、低明度色等有显小、收缩感，如图 1-3-10 所示。

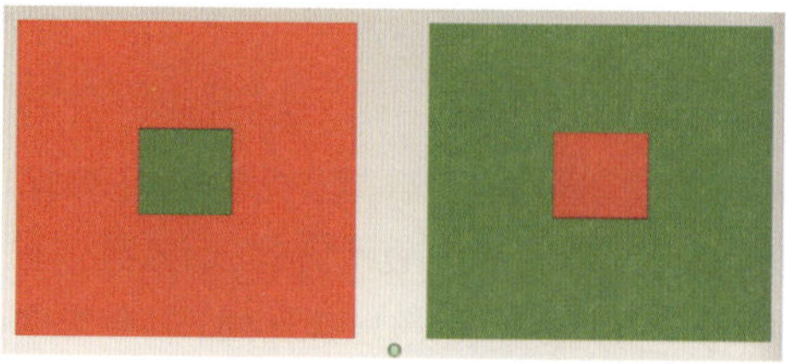

图 1-3-10　色彩的大小感

6. 色彩的华丽与质朴感

色彩的三要素对华丽及质朴感都有影响，其中纯度关系最大。明度高、纯度高的色彩，丰富、强对比的色彩感觉华丽、辉煌；明度低、纯度低的色彩，单纯、弱对比的色彩感觉质朴、典雅；但无论何种色彩，如果带上光泽，都能获得华丽的效果，如图 1-3-11 所示。

图 1-3-11　色彩的华丽与质朴感

7. 色彩的活泼与庄重感

暖色、高纯度色、丰富多彩色、强对比色感觉跳跃、活泼、有朝气；冷色、低纯度色、低明度色感觉庄重、严肃，如图 1-3-12 所示。

图 1-3-12　色彩的活泼与庄重感

8. 色彩的兴奋与沉静感

其影响最明显的是色相，红、橙、黄等鲜艳而明亮 的色彩给人以兴奋感，蓝、蓝绿、蓝紫等色彩使人感到沉着、平静，绿和紫为中性色，没有这种感觉；纯度的影响也很大，高纯度色彩给人以兴奋感，低纯度色彩给人以沉静感；最后是明度，高明度、高纯度的色彩给人以兴奋感，低明度、低纯度的色彩给人以沉静感，如图 1-3-13 所示。

图 1-3-13　色彩的兴奋与沉静感

3.1.3　色彩的心理联想

色彩的联想带有情绪性的表现，受到观察者年龄、性别、性格、文化、教养、职业、民族、宗教、生活环境、时代背景、生活经历等多方面因素的影响。色彩的联想有具象和抽象两种。

（1）具象联想：人们看到某种色彩后，会联想到自然界、生活中某些相关的事物。

（2）抽象联想：人们看到某种色彩后，会联想到理智、高贵等抽象概念。

一般来说，儿童多具有具象联想，成年人较多具有抽象联想。由此又引发了色彩的性格，各种色彩都有其独特的性格，简称色性。它们与人类的色彩生理、心理体验相联系，从而使客观存在的色彩仿佛有了复杂的性格。下面以几种常见颜色的性格为例进行简单分析。

1. 红色

红色的波长最长，穿透力强，感知度高，易使人联想起太阳、火焰、花卉等，感觉有温暖、兴奋、活泼、热情、积极、希望、忠诚、健康、充实、饱满、幸福等向上的倾向，但有时也被认为是幼稚 、原始、暴力、危险、卑俗的象征。红色历来是我国传统的喜庆色彩，如图 1-3-14 所示。

图 1-3-14　红色应用

深红及带紫味的红给人庄严、稳重而又热情的感觉；含白的高明度粉红色则有柔美、甜蜜、梦幻、愉快、幸福、温雅的感觉，几乎成为女性的专用色彩。

2. 橙色

橙与红同属暖色，具有红与黄之间的色性，使人联想起火焰、灯光、霞光、水果等物象，是最温暖的色彩，感觉活泼、华丽、辉煌、跃动、炽热、温情、甜蜜、愉快、幸福，但也有疑惑、嫉妒、伪诈等消极倾向性感觉。

含灰的橙呈咖啡色，含白的橙呈浅橙色，俗称血牙色，与橙色本身都是常用的甜美色彩，也是众多消费者特别是妇女、儿童、青年喜爱的色彩，如图 1-3-15 所示。

图 1-3-15　橙色应用

3. 黄色

黄色是所有色相中明度较高的色彩，给人以轻快、光辉、透明、活泼、光明、辉煌、希望、功名、健康等印象。但黄色过于明亮而显得刺眼，并且与其他色相混合极易失去其原貌，故也有轻薄、不稳定、变化无常、冷淡等不良含义。

含白的淡黄色感觉平和、温柔，含大量淡灰的米黄则是很好的休闲自然色，深黄色却另有一种高贵、庄严感。由于黄色极易使人想起水果的表皮，因此它能引起富有酸性的食欲感。黄色还被用作安全色，因为它极易被人发现，如室外作业的工作服，如图 1-3-16 所示。

图 1-3-16　黄色应用

4. 绿色

在大自然中，除了天空、江河和海洋，绿色所占的面积最大，草、叶植物，几乎到处可见。它象征生命、青春、和平、安详、新鲜等。绿色最适应人眼的注视，有消除疲劳和调节功能。黄绿带给人们春天的气息，颇受儿童及年轻人的欢迎。蓝绿、深绿是海洋、森林的色彩，有着深远、稳重、沉着、睿智等含义。含灰的绿，如土绿、橄榄绿、咸菜绿、墨绿等色彩，给人以成熟、老练、深沉的感觉，如图 1-3-17 所示。

图 1-3-17 绿色应用

5. 紫色

因为紫色的颜料在古代特别珍贵，其来自一种海螺，所以一直以来紫色都作为一种珍贵的颜色，具有神秘、高贵、优美、庄重、奢华的气质，有时也感觉孤寂、消极。尤其是较暗或含深灰的紫，易给人以不祥、腐朽、死亡的印象，但含浅灰的红紫或蓝紫却有着类似太空、宇宙色彩的幽雅、神秘，为现代生活所广泛采用，如图 1-3-18 所示。

图 1-3-18 紫色应用

6. 黑色

黑色为无色相无纯度之色，往往给人以沉静、神秘、严肃、庄重、含蓄的感觉，也易让人产生悲哀、恐怖、不祥、沉默、消亡、罪恶等消极印象。尽管如此，黑色的组合适应性却极广，无论什么色彩特别是鲜艳的纯色与其相配，都能取得良好的效果。但是不能大面积使用黑色，否则不但其魅力大大减弱，还会产生压抑、阴沉的恐怖感，如图1-3-19 所示。

图 1-3-19 黑色应用

7. 白色

白色给人以洁净、光明、纯真、清白、朴素、卫生、恬静等印象，如图 1-3-20 所示。在它的衬托下，其他色彩会显得更鲜丽、更明朗。多用白色可能产生平淡无味的单调、空虚之感。

图 1-3-20 白色应用

8. 灰色

灰色是中性色，其突出的性格为柔和、细致、平稳、朴素、大方，它不像黑色与白色那样会明显影响其他的色彩，如图 1-3-21 所示。因此，其作为背景色则非常理想。任何色彩都可以和灰色相混合，略有色相感的灰色能给人以高雅、细腻、含蓄、稳重、精致、文明而有素养的高档感觉。当然，滥用灰色也易暴露其乏味、寂寞、忧郁、无激情、无兴趣的一面。

图 1-3-21　灰色应用

9. 土褐色

含一定灰色的中低明度的各种色彩，如土红、土绿、熟褐、生褐、土黄、咖啡、咸菜、古铜、驼绒、茶褐等色彩性格都显得不太强烈，易与其他色彩配合，特别是和鲜色相伴效果更佳。这样的色彩也使人想起金秋的收获季节，因此有成熟、谦让、丰富、随和之感，如图 1-3-22 所示。

图 1-3-22　土褐色应用

10. 光泽色

除了金、银等贵金属色以外，所有色彩带上光泽后都有其华美的特色。金色富丽堂皇，象征荣华富贵、名誉忠诚；银色雅致高贵，象征纯洁、信仰，比金色温和。它们与其他色彩都能配合，几乎达到“万能”的程度。小面积点缀，具有醒目、提神作用，大面积使用则会产生过于眩目的负面影响，显得浮华而失去稳重感。如若巧妙使用、装饰得当，不但能起到画龙点睛的作用，还可产生强烈的高科技现代美感，如图 1-3-23 所示。

图 1-3-23　光泽色应用

3.2　图形的基础形式原理

图形基础形式

图形的基础形式原理要符合形式美的原则。所谓形式美是指构成事物的物质材料的自然属性（色彩、形状、线条和声音等）及其组合规律（如整齐一律、节奏与韵律等）所呈现出来的审美特征。形式美与美的形式有着以下重大区别：

（1）它们表现的内容不同。美的形式所体现的是事物本身的美，是确定的、个别的、特定的、具体的，并且美的形式与其内容的关系是对立统一、不可分割的。而形式美所体现的是形式本身所包含的内容，与美的形式所要表现的事物美的内容是相脱离的，形式美所体现的内容是间接的、朦胧的。

（2）形式美和美的形式存在方式不同。美的形式是美不可缺少的组成部分，是美的感性外观形态，而不是独立的审美对象。形式美是独立存在的审美对象，具有独立的审美特征。形式美和美的关系是个别和一般、局部和整体的关系。

形式美法则是人类在创造美的形式、美的过程中对美的形式规律的经验总结和抽象概括，主要包括对称与平衡、对比与和谐、比例与适度、节奏与韵律。下面就具体讲一下这些法则。

3.2.1　对称与平衡

对称，就是在中心点或者中心线，在点的四周或者线的两边，出现相等、相同或者相似的画面内容，如图 1-3-24 所示。

图 1-3-24　对称

平衡，是通过各种元素的摆放、组合，使画面通过人的眼睛在心理上感受到一种物理的平衡（比如空间、重心、力量等）。平衡与对称不同，对称是通过形式上的相等、相同与相似给人以严谨、庄重的感受，而平衡则是通过适当的组合使画面给人以稳的感受，如图 1-3-25 至图 1-3-27 所示。

图 1-3-25　平衡 1

图 1-3-26　平衡 2

图 1-3-27　平衡 3

平衡的方式可以分为以下 3 种情况：

（1）当两个事物相同时，重心位于两个事物的中间位置，形成了绝对的平衡关系，如图 1-3-28 所示。

图 1-3-28　绝对平衡

（2）当两个事物量感达到平衡时，形象上可有所差别，重心也在中间，如图 1-3-29 所示。

图 1-3-29　量感平衡

（3）当两个事物量感不同时，可调节力的重心使之达到平衡，如图 1-3-30 所示。

图 1-3-30　调节重心达到平衡

对称和平衡的基本形式可造成人们视觉上的满足，所以在生活和设计中的应用十分广泛，大致可分为以下 4 种：

（1）反射：是相同形象在左右或上下位置的对应排列，是最基本的表现形式，如图 1-3-31 所示。

图 1-3-31　反射

（2）移动：是在不调节形象，总体保持平衡的条件下局部变动位置。移动的位置要注意适度，不能打破画面的平衡，如图 1-3-32 所示。

（3）回转：是在反射或移动的基础上，将基本型进行一定角度的转动，增加形象的变化。这种构成形式主要表现为垂直与倾斜或水平的对比，但在总体效果上必须达到平衡，如图 1-3-33 所示。

图 1-3-32　移动

图 1-3-33　回转

（4）扩大：是扩大部分基本型，形成大小对比的变化，使其形象既有变化又达到平衡的效果，如图 1-3-34 所示。

图 1-3-34　扩大

上述这 4 种方法在实际设计中可以只应用一种，也可以多种综合运用。

3.2.2　对比与和谐

对比是互为相反因素的东西同时设置在一起时所产生的现象，使它们各自的特点更加鲜明突出。可以实现的对比属性有面积对比、形式对比、质感对比、虚实对比、色彩对比、图文对比、疏密对比、内容对比。

这里说的和谐是人为的调和，不是自然发生的，是人为的、有意识的合理配合。调和与对比是互为相反的因素，可以大致分为以下 3 种类型：

（1）同种元素组合。比如不同数量的大圆形和小圆形的有机组合，容易得到同一，却也容易显得单调和平常。

（2）类似元素组合。包括形状、大小、多少的类似和方向、距离、速度的类似等。以正方形为例，平行四边形等近似的矩形均为类似形。类似元素的特点是有形状的变化和对比，又包括了较多的共同性，因此更加能创造出优美协调的画面效果。

（3）不同元素的组合。因不同元素本身具有很大的区别，再组合在一起就会产生强烈的对比、不和谐的状况，所以必须要调整它们之间的关系和彼此间的联系，由对比向和谐转化，以达到和谐和统一的目的。

对比与和谐两者之间的关系是相辅相成的，过分的对比会太强烈、刺激；过分的和谐又会平庸、单调。对比与和谐要相互呼应、默契配合，对比中有和谐，和谐中求对比，如图 1-3-35 至图 1-3-37 所示。

图 1-3-35 对比与和谐 1

图 1-3-36 对比与和谐 2

图 1-3-37 对比与和谐 3

3.2.3 比例与适度

比例指事物整体与局部以及局部与局部之间的关系。和谐的比例可以引起人们的美感，使总的组合有明显理想的艺术表现力。什么样的比例才能引起美感呢？首先要说的就是黄金分割比例——a : b=(a+b) : a。这是历代美学家研究达成的共识，画面宽度与长度的最佳比例是 1∶1.618，称为黄金律，又称黄金分割比，如图 1-3-38 所示。

图 1-3-38　黄金分割比

总之，美好的构成都有适度的比例与尺度。即构成的各部分之间，部分与整体之间的关系要符合比例。

反常的比例有时也可以实现特殊的效果。人体或动物的形象，各部分的比例是大体固定的，如果违反了这种比例关系，形象就会变形。在特殊情况下，例如为了引起受众的注意等，设计师可以违反常规采用反常的比例，例如把人的头部变大或变小等。不过这种变形也是有限度的，要根据主题的需要在适度的范围内进行，如图 1-3-39 所示。

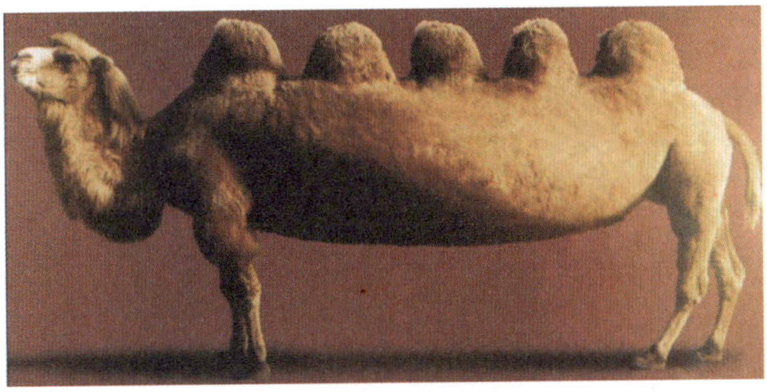

图 1-3-39　反常的比例

3.2.4 节奏与韵律

节奏，是指形与色合乎规律的周期性运动变化，也就是相同的形反复出现在同一画面的构成法则。这种反复是有一定差别的反复，所以说反复是节奏的重要标志，没有反复就不可能让人有节奏的感觉。

对节奏给予的变化性处理，称为韵律。对比和变化的程度是韵律的关键，简单来说指的是同一图案在一定的变化规律中重复出现所产生的运动感。其中最为突出的表现是“渐变构成”和“发射构成”两种形式，如图 1-3-40 和图 1-3-41 所示。

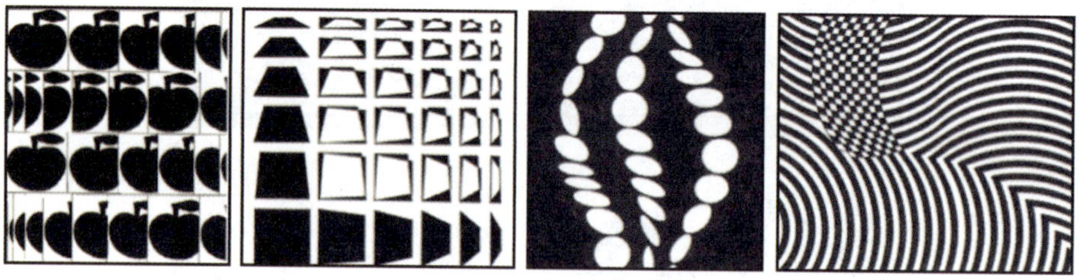

图 1-3-40 节奏与韵律 1

图 1-3-41 节奏与韵律 2

（1）渐变构成。渐变形式是多方面的，包括大小的渐变、间隔的渐变、方向的渐变、位置的渐变和形象的渐变等，如图 1-3-42 至图 1-3-46 所示。

图 1-3-42 大小渐变

图 1-3-43　间隔渐变

图 1-3-44　方向渐变

图 1-3-45　位置渐变

图 1-3-46　形象渐变

（2）发射构成。是一种特殊的重复，是基本单元或骨骼环绕一个或多个中心点向外散开或向内集中，如图 1-3-47 所示。

图 1-3-47　发射构成

字体基本特征

3.3　字体基本特征

3.3.1　衬线字体（Serif）与无衬线字体（Sans-serif）

在字体排印学里，衬线指的是字母结构笔画之外的装饰性笔画。有衬线的字体叫作衬线字体（Serif），没有衬线的字体则叫作无衬线字体（Sans-serif）。

衬线字体，意思是在字的笔画开始、结束的地方有额外的装饰，而且笔画的粗细会有所不同，如图 1-3-48 所示。

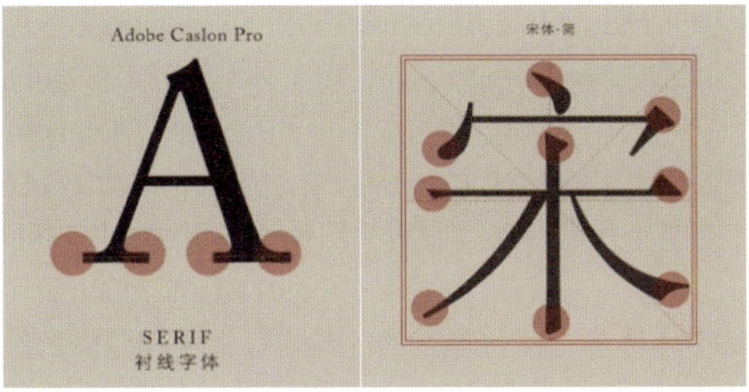

图 1-3-48 衬线字体

无衬线字体（Sans-serif）专指西文中没有衬线的字体，与汉字字体中的黑体相对应。与衬线字体相反，该类字体通常是机械的和统一线条的，它们往往拥有相同的曲率、笔直的线条、锐利的转角，如图 1-3-49 所示。

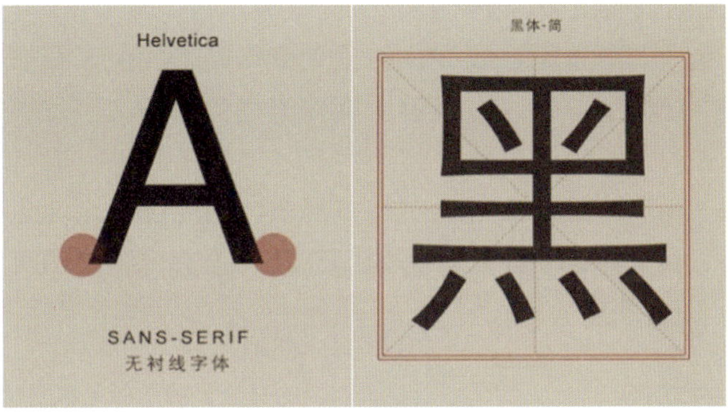

图 1-3-49 无衬线字体

衬线字体容易识别，它强调了每个字母笔画的开始和结束，因此易读性比较高，无衬线字体则比较醒目。在整文阅读的情况下，适合使用衬线字体进行排版，利于换行阅读的识别性，避免发生行间的阅读错误。

西文中，无衬线字体强调每一个字母，衬线字体更强调一个单词。

中文字体中的宋体就是一种最标准的衬线字体，衬线的特征非常明显，字形结构也和手写的楷书一致。因此宋体一直被作为最适合的正文字体。

（1）衬线字体的分类。

- 旧式风格（Old style）：有代表性的是 Adobe Jenson、Janson、Garamond、Bembo、Goudy Old Style 和 Palatino。
- 过渡风格（Transitional）：有代表性的是 Times Roman、Baskerville。
- 现代风格（Modern）：有代表性的是 Didot、Bodoni。
- 粗衬线风格（Slab Serif）：有代表性的是 Rockwell。

（2）无衬线字体的分类。

- Grotesque：早期的无衬线字体设计，如 Grotesque 或 Royal Gothic 体。

- Neo-grotesque（Transitional or Realist）：新 Grotesque 或称为过渡体——目前所谓的标准无衬线字体，如 Helvetica（瑞士体）、Arial 和 Univers 体等。
- Humanist：古典体或称为人文主义体——Johnston、Frutiger、Gill Sans、Lucida、Myriad、Optima、Segoe UI、Tahoma、Trebuchet MS、Verdana，这些字体是无衬线字体中最具书法特色的，有更强烈的笔画粗细变化和可读性。
- Geometric：几何体——Avant Garde、Century Gothic、Futura、Gotham。顾名思义，几何无衬线字体是基于几何形状的，是通过直线和圆弧的鲜明对比来表达几何图形美感的一种无衬线字体。

在传统的正文印刷中，普遍认为衬线字体能带来更好的可读性（相比无衬线字体），尤其是在大段落的文章中，衬线增加了阅读时对字母的视觉参照。而无衬线字体往往被用在标题、较短的文字段落或者一些通俗读物中。相比严肃正经的衬线字体，无衬线字体给人一种休闲轻松的感觉。随着现代生活和流行趋势的变化，如今的人们越来越喜欢用无衬线字体，因为它们看上去“更干净”。

有调查显示，欧洲人对于无衬线字体的接受度略高于北美，在书籍、报纸和杂志中大段落文字的排版中衬线字体始终占据着压倒性的优势。在文字足够大的情况下，无衬线字体也是同样可读的。因为无衬线字体通常有艺术性，所以在显示器上显示通常比较赏心悦目，而且无衬线字体种类比衬线字体多得多，因此选择余地也很大。但是必须保证以下原则：凡是使用无衬线字体的，必须保证其在正文内容中的可读性，否则使用衬线字体。

3.3.2 字号与字距

印刷文字有大小的不同变化，排版及图像处理软件中汉字字体大小的计量目前主要采用印刷业专用的号数制和点数制。尺寸规格以正方形的汉字为准(对于长或扁的变形字，则要用字的双向尺寸参数)。

（1）号数制。

汉字大小定为 7 个号数等级，按一号、二号、三号、四号、五号、六号、七号由大到小排列。在字号等级之间又增加一些字号，并取名为“小几号”，如“小四号”“小五号”等。

号数制的优点是使用简单方便，直接指定字号即可，无须关心字体的实际尺寸；缺点是字体的大小受号的限制，有时不够用，大字无法用号数来表达，号数不能直接表达字体的实际尺寸，字号之间没有统一的倍数关系，折算起来不方便。尽管如此，号数制仍是目前表示字体规格最基本的方法。需要注意的是，传统标准铅字的字号大小与一般文字处理软件实际输出的文字尺寸会有一些误差，这是由于字的变倍计算处理造成的。

（2）点数制。

点数制是目前国际上最通行的印刷字体的计量方法。这里的“点”不是计算机字形的“点阵”的意思，“点”是国际上计量字体大小的基本单位，从英文“Point”译音而来，一般用大写“P”来表示，俗称“磅”。

1 磅≈ 0.35 毫米　1 英寸 = 72 磅

目前，排版中点数制与号数制并存使用，互为补充，两者相互之间对应的折算关系如图 1-3-50 所示。

专业排版字号、磅数与实际尺寸对照

字号	磅数	毫米	主要用途
七号	5.25	1.84	排角标
小六号	7.78	2.46	排角标、注文
六号	7.87	2.8	角注、版权注文
小五号	9	3.15	注文、报刊正文
五号	10.5	3.67	书刊报纸正文
小四号	12	4.2	标题、正文
四号	13.75	4.81	标题、公文正文
三号	15.75	5.62	标题、公文正文
小二号	18	6.36	标题
二号	21	7.35	标题
小一号	24	8.5	标题
一号	27.5	9.63	标题
小初号	36	12.6	标题
初号	42	14.7	标题
特号	54	18.979	
大特号	63	22.142	

图 1-3-50　点数制与号数制的换算关系

1. 字号

字号（Size）是区分文字大小的一种衡量标准，国际上通用的是点数制，在国内则是以号数制为主，点数制为辅。号数制是采用互不成倍数的几种活字为标准的，根据加倍或减半的换算关系而自成系统，可以分为四号字系统、五号字系统、六号字系统等。字号的标称数越小，字形越大，如四号字比五号字要大，五号字比六号字大等。

点数制又称为磅制（P），是以计算字的外形的“点”值为衡量标准。根据印刷行业标准的规定，字号的每一个点值的大小约等于 0.35mm，误差不得超过 0.005mm，如五号字换成点数制就是 10.5 点，也就是 3.675mm。外文字全部都以点来计算，每点的大小约等于 1/72 英寸，即等于 0.35146mm。

字号的大小除了号数制和点数制外，在传统照排文字时大小则以 mm 为计算单位，称为“级（J 或 K）”。每一级等于 0.25mm，1mm 等于 4 级。照排文字能排出的大小一般由 7 级到 62 级，也有从 7 级到 100 级的。在计算机照排系统中，点数制和号数制都存在。在印刷排版时，如遇到以号数为标注的字符时，必须将号数的数值换算成级数才能够掌握字符的正确大小。号数与级数的换算关系如下：

1J=1K=0.25mm=0.714 点（P）

1 点（P）=0.35mm=1.4 级（J 或 K）

磅（Point），是标定字体大小和行间距的度量单位。每 Pica 是 12 磅，所以传统排版中 72.27 磅是 1 英寸，桌面排版中 72 磅恰为 1 英寸。

2. 字体

字体（Font），是一系列字号、样式相同的字符（例如 10 磅黑体 Palatino），现多被视为字样的同义词。印刷中的基本字体主要有下述 5 种。

（1）宋体。宋体是印刷行业应用得最为广泛的一种字体，根据字的外形的不同，又分为书宋和报宋。宋体是宋代雕版印刷时通行的一种印刷字体。宋体字的字形方正，笔画横平竖直、横细竖粗、棱角分明、结构严谨、整齐均匀，有极强的笔画规律性，从而使人在阅读时有一种舒适醒目的感觉。在现代印刷中主要用于书刊或报纸的正文部分，如图 1-3-51 所示。

（2）楷体。楷体又称活体，是一种模仿手写习惯的字体，笔画挺秀均匀，字形端正，广泛地用于学生课本、通俗读物、批注等，如图 1-3-52 所示。

图 1-3-51　宋体

图 1-3-52　楷体

（3）黑体。黑体又称方体或等线体，是一种字面呈正方形的粗壮字体，字形端庄，笔画横平竖直，笔迹全部一样粗细，结构醒目严密，适用于标题或需要引起注意的醒目按语或批注，因为字体过于粗壮，所以不适用于排印正文部分，如图 1-3-53 所示。

（4）仿宋体。仿宋体是一种采用宋体结构、楷书笔画的较为清秀挺拔的字体，笔画横竖粗细均匀，常用于排印副标题、诗词短文、批注、引文等，在一些读物中也用来排印正文部分。党政机关公文处理条例规定，正文必须使用仿宋体，如图 1-3-54 所示。

图 1-3-53　黑体

图 1-3-54　仿宋体

（5）美术体。美术体是指一些非正常的特殊的印刷用字体，一般是为了美化版面而采用。美术体的笔画和结构一般都进行了一些形象化，常用于书刊封面或版面上的标题部分，应用适当可以有效地增强印刷品的艺术品味。这类字体的种类非常广泛，如汉鼎、文鼎等字库中的字体，如图 1-3-55 所示。

图 1-3-55　美术体

3.3.3 图文排版中的字处理

当完成好插图设计后应该给它配上合适的字体。普遍来说大家都认为文字是供阅读的信息，但其实它也属于图形。将字母 ABC 看作图形，它们就像被人类赋予了音调与含义的直线、尖角和曲线。这就是字体具有如此动人表现力的原因。当字母传达信息的同时，选择的不同字体还决定了它们是表现出趣味性、严肃性还是重要性等。选择正确的字体是关键所在。从视觉上看，字体和图形是一类事物，必须协调好它们的视觉属性。

1. 选择合适的字体

选择字体时首先要分析插图形状，排除不适合的字体。为使字体和图形协调，应先要找出它们在视觉属性上的共同点。先分析图形的重要元素（比例、形状、线条和纹理），再根据图形特点选择与图形重要元素相匹配的文字。

如图 1-3-56 所示，插图比例方正、形状浑圆，因此窄身字、宽体字、弧形字都与插图不协调。进一步对比插图的比例线条，再对比插图和文字的纹理，选择与纹理匹配的文字字体，例如本图中植物具有较多变化的纹理，所以在文字字体的选择上也最好选择有变化的字体。

图 1-3-56　选择合适的字体

2. 文字排版的要点

（1）文字编排的易读化。

为了适应当下社会的快餐文化，人们的各种习惯随之改变，人们好像越来越不愿将时间花在长时间阅读上，更习惯读图，那么一定是读图比读字更符合他们自身的使用习惯，所以不应该强行剥夺大家读图的权利，而应该想办法让文字内容更加易读美观并脱颖而出。

1）字体。创造排版的层次感，让页面结构更加清晰。排版的层次感通常指页面中文本排列构建出的视觉层次。平时我们看过的书籍，其中的主标题看起来比副标题更重要，而主标题和副标题又明显比正文部分更显眼。所以我们在进行文字排版时，一般也可以遵循这个原则。

页面中所有字体尺寸应该是基于正文字体来进行选择的，因为正文是用户在每个页面中阅读最多的部分。那么如何基于正文来选取其他部分字体的大小呢，下面有一些基本原则。

- 正文字体：调整字体大小，直到感觉看起来非常舒服为止。
- 标题字体：通常将正文字体放大到 180% ～ 200%。
- 副标题字体：通常为正文字体的 130% ～ 150%。

2）间距。通过调整行间距和段间距让用户更容易扫读文字。段间距让用户能够更好地识别内容块和意群，行间距控制好则可以让大脑更轻松地识别文字内容。

①行间距。行间距没有固定的值，通常是根据字体大小来定义的。在 Word 里我们经常看到双倍行距、单倍行距和 1.5 倍行距的选项。网页上行距的单位常用 em 来表示，不管是中文网站还是英文网站，大家多喜欢用 1.5em ～ 1.8em 的行距，不超过 2em，控制在正文尺寸的 120% ～ 160%，同时文本字体越小，两行之间的行距应该越大，确保字与行间的呼吸空间。

②段间距。一般而言，段间距等于或大于正文字体行高。如文章篇幅较短，就不需要很宽的段间距，而文章篇幅很长，特别是那些偏学术的比较枯燥的文章，就要多利用段间距把握文章的节奏，给阅读者喘息和思考的机会，且使文章更有层次和可读性。

3）行长。随手拿起一本书或者一份报纸，数一数每行的文字，一般情况下都不会超过 40 个汉字。这是因为如果每行文字过长，读者会不停地转动脖子，感到疲惫的同时也会降低阅读效率；目光从行尾移至下一行首，也很容易串行，影响读者浏览文章的节奏。这点同样适用于网页上的文章阅读。由于显示器是横向的，我们更要注意划分阅读区域。

文本宽度控制在 450 ～ 700px 为宜，此范围内参照字号大小：英文每行 80 ～ 100 个字母（空格算一个字母）为宜；中文每行 30 ～ 40 个汉字为宜。

4）对比。提高视觉性对比是四项基本设计原理之一，在网页中对文字的排版也非常适用。可以将对比分为三类，主要是标题与正文对比、普通文本与强调文本对比、文字颜色与背景颜色对比。

①标题与正文对比。标题使用 18 号的微软雅黑，正文使用 12 号的宋体，两种字体字号的对比让文字内容富有层次，很容易吸引读者眼球。

②普通文本与强调文本对比。一部分文字采用与主要文字不同的样式，增加视觉效果，突出展示段落的重点。一般规则是，强调文本不要超过整个文本的 10%，如果所有都被强调，那就不是强调了。当然，一次仅使用两种或是三种强调技巧（颜色、字体改变、大小、下划线、斜体、黑体），换句话说，不要同时使用。

③文字颜色与背景颜色对比。正文文本颜色与背景颜色合适的对比可以提高文字的清晰度，产生强烈的视觉效果。将文字内容清晰衬托出来，既有丰满的层次感，同时又具有很强的视觉冲击力。在使用这一原则时需要注意，必须确保文字是容易看清的，如果文字过小或过于纤细、色彩对比度不够，会适得其反。如果对色彩的对比度还不够熟

悉时，可以通过颜色对比检测工具 Check My Colours、Colour Contrast Check 等检测色差和亮度差，确保网页设计的易读性。

（2）图文排版的简单化。

为了提高阅读体验，一种友好的图文排版必不可少。图文混排的样式有很多，大体可以分为具有设计样式的和简单混排的。富有设计感的图文排版较复杂，需要一定的设计功底才能做得好看。因此简单好看的图文排版越来越受欢迎，处理好图片和文字的关系即可。

1）图文的组织关系。正常情况下，用户的注意力从左向右（当然不否定特例的）。如图 1-3-57 所示，其优势是可以增加内容的识别度，图片可以先吸引读者对内容的注意力，如果内容比图片更重要或者内容很难用相应的图片进行表达，同时又想充实页面提高页面美观度，则可以考虑将图片放在右侧。

图片放在上方，如图 1-3-58 所示，一般都是类似瀑布流列表的排版方式，此时图片的重要程度比放在左侧还要高得多，基本每条记录的主要信息都靠配图来呈现。

图 1-3-57　图片靠左对齐

图 1-3-58　图片放在上方

图片放在下方，如图 1-3-59 所示，主要是可以把文字和图片的结合优势充分发挥出来，文字简要陈述，图片带你身临其境，还原真实情况。

图片作为背景，如图 1-3-60 所示。图片作为背景，可以加强其沉浸感，充分利用图片唤起读者的想象，把图片的诱惑最大化以提高文章整体档次。

图 1-3-59　图片放在下方

图 1-3-60　图片作为背景

同时利用上述几种方式的效果如图 1-3-61 所示。

图 1-3-61　综合应用

有时候为了减缓读者审美疲劳或者突出某些重点部分，可利用不同排列方式的优势以最大化达到传播目的，但缺点是给人的第一感觉是“乱”。

2）多图形简单排版。

①左右图文。左右图文可以选择，左边放图片，右边放文案，或者右边放图片，左边放文案。但需要注意的是，使用这种排版方法要保证图片尺寸尽量一致，文案长度尽量相近，保证它们都是对称对齐的，如图 1-3-62 所示。

图 1-3-62　左右图文

②上下图文。上下图文和左右图文差不多，可以上图片下文案，也可以下图片上文案。跟左右图文一样，要注意尽量保证图片尺寸和文案长度相同，如图 1-3-63 所示。

③在内容文字比图片多很多时，上图下文的效果比上文下图的好，因为图文同时出现时用户会先被图片吸引，如果文字在图片上方，很容易造成大家忽略跳过文字的结果。

而大段文字出现在图片下方，也会让人比较有耐心阅读，如图 1-3-64 所示。

图 1-3-63　上下图文

图 1-3-64　上图下文

3）单图形简单排版。

①高清图铺满。如果是一张高清的图片，可以选择用它直接铺满整个页面，再把文字置于图片中。当图片构图复杂或文案颜色与背景颜色相近时，不能直接将文案置于背景上，否则就会看不清。给图片加个色块，再把文案放到色块上面，或者干脆给整个背景都覆盖上一个带透明度的矩形。如果图片构图简单，可以直接把文案置于图片空白处，如图 1-3-65 所示。

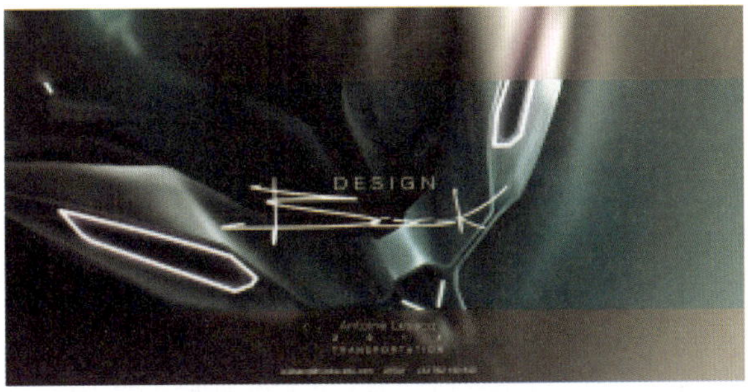

图 1-3-65　高清图铺满页面

②模糊图缩小。如果所选的这张图片质量不好，比较模糊，可以考虑走气质路线：小图配上少量文字，再加上留白。但是当图片实在太小而文案又实在过多时，这条路不但走不通，还会显得单调呆板。此时可以考虑通过以下设计来增大图片面积（如图1-3-66所示）：

- 加个好看的边框。
- 插入几个形状，用图片填充形状后更改形状的透明度。

图 1-3-66　模糊图处理

4）移动端排版的特殊化。排版设置完全是一个常规技能，遵循简单的原则能让文本的可读性更好。虽然这些规则相对简单可行，但是并不能覆盖全部的排版需求，比如在移动端阅读。由于移动设备的逐渐发展，人们平时使用它的机会往往多于使用计算机，因此在移动端的排版上我们要尤为注意。

①简单突出。从移动端有限的屏幕和页面加载速度这两方面来考虑，最好的展示效果是简单，有一个核心元素，突出重点为最优。以可口可乐的这个“我们在这 我们在乎”为例，相较而言，越简单的排版会越容易引起关注。这是因为我们的大脑里最初看到这种简洁排版，会立刻出现“嗯，我可以马上看完不费劲”的潜意识信息而带着轻松的态度去阅读。

②大小反差。在桌面端我们可能会采用字号差异较大的文字组合，移动端屏幕较小，容纳的文字也较少，同等的字号差异在小屏幕上的感受会被放大。原因是我们在使用这两种设备时的观看距离不同，桌面端我们的眼睛离屏幕较远，而在移动端则较近，因此我们应该在移动端使用较小的字号反差。

③颜色反差。移动设备使用环境复杂多变而不局限在室内，可能在室外，甚至暴露在强烈的阳光下，应确保文字在背景中不会识别困难，即使是色弱者也可以正常阅读。建议文字和背景的颜色反差比应该高于4.5:1（AA级），才能确保更多人在更多环境下都可以轻松阅读。我们可以借助检测工具来帮助检测这个比值，例如Colour Contrast Check。

④对齐。在英文的段落排版中，通常是左侧对齐，而让右侧自然形成起伏边。对中文排版与阅读习惯而言则相反，特别是在移动端上阅读，段落的头尾对齐尤其重要。在夹杂了数字或英文字符的情况下，原本中文的整齐排列被打乱了，右侧严重参差不齐，

很不美观，可以微调文字的间距以补足右边存在的空白，使文字整齐排列。

思考与练习

一、选择题

1. 色彩三原色是（　　）。

A. 红紫、青蓝、黄绿　　B. 青蓝、柠黄、橙红

C. 品红、青蓝、黄绿　　D. 红、绿、蓝

2. 色彩的基本物理特性是（　　）。

A. 间色、复色、补色　　B. 明度、纯度、色相

C. 色调、固有色、环境色　　D. 色调、间色、复色

3. 物体的灰面部分因受光不足显得明度微弱，色彩以（　　）为主，同时受上下左右不同方向环境色的影响。

A. 光源色　　B. 反光　　C. 环境色　　D. 固有色

4. 在所有的色彩对比关系中，（　　）是最有感情表现力的。

A. 明度对比　　B. 冷暖对比　　C. 色相对比　　D. 纯度对比

5. 在实际的色彩写生中，光源色、固有色、环境色是色彩的（　　）因素。

A. 对比　　B. 色感　　C. 条件　　D. 间色

二、填空题

1. 在字体排印学里，衬线指的是 __________ 的装饰性笔画。有衬线的字体叫作衬线字体（Serif），没有衬线的字体叫作无衬线字体（Sans-serif）。

2. 字号的每一个点值的大小等于 __________，误差不得超过 __________。

3. 画面宽度与长度的最佳比例是 __________，称为黄金律，又称黄金分割比。

4. 渐变形式是多方面的，包括 __________、__________、__________、__________ 和形象渐变等。

5. 形式美指的是，构成事物的物质材料的自然属性（__________ 等）及其 __________（如整齐一律、节奏与韵律等）所呈现出来的审美特征。

第 4 章　必备的印前 / 印后知识

本章导读

平面设计作品大多会以印刷品形式呈现在人们面前，因此基础印前 / 印后知识是从事平面设计工作不可缺少的部分。本章主要介绍常见印刷形式、印品用纸规格、印后的模切及装订工艺等内容。读者应在理解印刷行业相关概念的基础上，在实际工作中为设计样品选择合适的承印物以及印刷工艺。

本章要点

- 喷绘、打印、印刷的区别
- 四色印刷技术、数码印刷技术
- 印前出血设定
- 常见印刷纸张与规格
- 模切加工原理和流程
- 装订技术

4.1　常见印刷输出形式

印刷是一项大量复制图文信息的工业工程，是将呈色剂 / 色料（如油墨）按照图像内容移到承印物上的复制过程。随着科学技术的发展，印刷技术和方法日新月异，操作方法和印刷效果也不尽相同。按照传统的印刷形式分类，印刷可分为无版印刷和有版印刷两大类。无版印刷通常是指数字印刷，有版印刷又分为平版印刷、凸 / 柔版印刷、凹版印刷、丝网印刷四大类。

4.1.1　喷绘、打印与印刷

喷绘、打印与印刷

1. 喷绘

喷绘是针对大幅广告画制作的一种工艺称呼，也可以是对广告画产品的称呼，属于广告物料卷材制作行业。喷绘是用喷绘设备、喷绘布打印出的画面的总称。喷绘又叫喷印、打画面、画面打印。喷绘机使用墨水的类型有水性墨水、弱溶剂墨水、溶剂墨水和 UV 墨水。

水性墨水的喷绘机也称为写真机，主要用于室内画面的输出，它的面积只有几平方米大小，如在展览会上厂家使用的广告小画面。写真机使用的介质一般是 PP 纸、灯片，在图像输出完毕一般还要覆膜裱板才算成品，它的色彩比较饱和，分辨率可高达 300 ～ 1200dpi。

弱溶剂墨水、溶剂墨水和 UV 墨水都具有户外不易褪色（因其防紫外线）的特性，所以这些油性墨水的喷绘机多用于户外画面的输出，如高速公路旁的广告牌就是喷绘输出的实例。为了保证产品画面的持久性，一般画面彩色比显示器要深。

喷绘机使用的介质一般都是灯箱布，又称广告布，最大幅宽为 3.2 米，画面尺寸更大的产品需要由多幅喷绘画面拼印而成。喷绘图像往往很大，仿佛“不识庐山真面目，只缘身在此山中”。喷绘实际输出图像的分辨率只有 30 ～ 45dpi。因为，如果大幅图像还用高图像分辨率，那么计算机或打印机印前处理的数据量就会十分惊人，因此喷绘作品使用低图像分辨率即可。喷绘机示意图如图 1-4-1 所示。

图 1-4-1　喷绘机

2. 打印

日常办公或生活中用的都是打印或复印，纸质以 A3、A4 居多，用的大多是小型打印机和复印机，也称为桌面机，打印或复印数量较少，比如表格文件，几页至几十页。激光打印机和复印机经常出现在办公室中，如图 1-4-2 所示。

图 1-4-2　打印机

现在较为普及的激光打印机和复印机原理基本相同，均采用了静电成像技术，将要打印的元素转换为感光鼓上的以像素点为单位的位图图像，再通过静电成像将文件转印到纸上。

当然也有大幅宽的打印机，幅宽一般在 60 和 150cm 之间，属于喷墨式打印，无污染，机器非常省电，颜色一般为 4 ～ 12 色不等，耗材价格相对较高。这种打印设备通常用来制作海报、效果图、照片、易拉宝、展架、背景板等。

3. 印刷

印刷和打印是两个不同的概念，印刷需要用到印刷机。印刷机通常由装版、涂墨、压印、折叠等几个部件组成。传统有版印刷的工作原理是，先将要印刷的图文制成印版，装在印刷机上，由人工或印刷机把墨涂敷于印版上有图文的地方，再直接或间接转移到承印物上，从而复制出大量与印版相同的印刷品。常见的比较畅销的书籍、学生课本等都是印刷出来的，量大、重复性高，成本相对低。印刷工作一般在远离居住人口密集区的印刷厂里完成，因为生产工艺存在一定污染。印刷机如图 1-4-3 所示。

图 1-4-3　印刷机

4.1.2　四色印刷

在印刷术语里，经常会听到单色印刷、四色印刷，甚至是六色印刷这些词。它们广泛地运用在画册、书刊和宣传单等的纸质类印刷品中。四色印刷是用 CMYK（青色、品红色、黄色、黑色）四色按减色混合原理实现全彩色复制的平版印刷方法。利用 4 种颜色套印出产品需要的颜色。通俗地讲，就是利用这 4 种颜色的不同叠加得到产品需要的颜色，一般来说，只要颜色有渐变，就都是四色套印得来的。四色印刷是用网点叠加出来的，用放大镜可以看到不同颜色的网点，如图 1-4-4 所示。

起初，人们考虑使用青色、品红色和黄色进行打印和印刷，但效果并不令人满意。后来，人们在三色印刷中加入了第四种颜色——黑色，校正青色、品红色和黄色的油墨，大大提高了印刷产品的色彩效果。

与四色印刷一起经常被提到的另一种技术是单色印刷。单色印刷可以是黑版印刷、色版印刷，也可以是调制出来的专色印刷。包装印刷中经常采用单色印刷工艺来印刷大面积底色。单色印刷没有渐变，图案是实地的，没有四色印刷那样的网点，如图 1-4-5 所示，一般来说，专色印刷成本略高。

图 1-4-4　四色套印及放大图

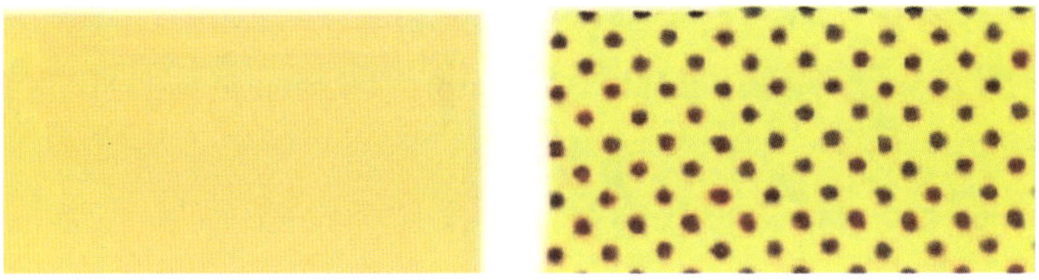

（a）单色印刷　　（b）四色印刷（YM 两色套印）

图 1-4-5　单色印刷与四色印刷的对比

四色印刷机印刷颜色序列的总体布置为黑色、蓝色、红色、黄色。在四色印刷机上印刷时，颜色和颜色间的打印间隔时间短，墨水没有干燥时间，而且是湿式堆叠叠印方法。而与之相对的单色印刷机在颜色和颜色间采用更长的打印间隔，当印刷第二种颜色时，前一种颜色已经干燥，因此单色印刷是干叠堆印套印方法。

印刷颜色由彩色成分和中性灰成分组成，在限定印刷油墨引用量的条件下，如果中性灰成分过多，相对减少彩色成分用量，会造成颜色饱和度下降。如果要强调提升复制颜色的饱和度，就要以牺牲颜色亮度为代价，这是四色印刷技术的一个缺陷。相对自然界景物颜色而言，由于以上缺陷，四色印刷阶调失真较大，立体感不强。采用四色印刷工艺套印出的色块还容易因墨层厚度的改变及印刷工艺条件的变化引起颜色强度的改变和网点扩大程度的变化，从而导致颜色改变，因此采用四色印刷工艺套印出的色块也不容易取得墨色均匀的效果。

4.1.3　数码印刷

数码印刷，又称短版印刷或数字印刷。GB/T 9851.8—2013 第 8 部分对数字印刷的定义是，数字印刷（Digital Printing）由数字信息生成逐印张可变的图文影像，借助成像装置直接在承印物上成像或在非脱机影像载体上成像，并将呈色及辅助物质间接传递至承印物而形成印刷品，且满足工业化生产要求的印刷方法。

它与传统印刷的不同之处在于数码印刷可以一张起印、数据可变，还可使图文以各种介质进行传播，大大提高了数码成像的商业运用范围。在彩色图像的印前处理系统中用于彩色印刷的预打样；在商业中用于印制各种商业单据、票证、表格等；在包装印刷行业主要用在包装物的标签、条形码等；还可以记录从人造卫星传来的遥感数据、绘制大气云图、记录远距离传输的图文信息。其生产工序间不需要胶片和印版，较传统印刷工序大为简化，在少量印刷及急件印刷上有着绝对的优势。

数码印刷可以分为静电印刷和喷墨印刷两类。

1. 静电印刷

静电印刷，是利用带电荷色剂，以异性电荷相吸引的原理获取可视图像或文字的印刷方式。它是目前应用最广泛的数字印刷技术，是较成熟的彩色印刷技术。此技术也是大多数复印机和激光打印机的基础。

静电成像技术起步较早，发展迅速，静电印刷设备逐渐走向成熟，无论是印刷幅面还是印刷质量、印刷速度方面这几年都有显著提升。有的静电印刷机，印刷速度可达每小时 9600 张 A4，最高分辨率可达 2438×2438dpi，印刷品质与胶印相当。

2. 喷墨印刷

喷墨印刷是根据计算机的指令将细微的墨滴导向承印物的一定部位，从而产生可视图文的无接触印刷方式。

喷墨印刷大致上分为连续喷墨和按需喷墨两类。

（1）连续喷墨。墨水经过电压振荡器，加之受偏转电极影响形成墨水束，通过喷嘴向承印物喷射墨点；未经电极影响的墨水流回墨水系统内供再利用，无论是否处于印刷状态，墨水总是不断地喷射，所以称为连续喷墨印刷。连续喷墨印刷技术响应频率高，可实现高速印刷，主要应用在工业方面，如标签、车票、纸箱等粗糙表面或金属表面，优点是速度快、承印物范围广；缺点是系统机构复杂，需要加压装置、充电电极和偏转电极等。

（2）按需喷墨。又称为随机喷墨技术，其喷嘴供给的墨滴只有在需要印刷时才喷出。

喷墨印刷技术的特点如下：

- 用计算机控制喷墨印刷，工艺简单，生产周期短。
- 喷墨印刷的印刷装置不需要与承印物接触，可以不受承印物几何形状的限制。
- 喷墨印刷可实现多色印刷：喷墨印刷系统中允许使用各种彩色油墨进行彩色印刷，如在传统四色印刷基础上再加上 30% 的青色、30% 的品红色或 30% 的黑色，形成六色或七色印刷，从而提高印品质量。
- 喷墨印刷生产成本低，机器噪声很小，对环境污染小。
- 能够实现可变数据印刷，满足用户的个性化印刷需求。

随着静电印刷与喷墨印刷各自相关技术的提升，二者在印刷速度、印刷幅面和印刷质量上将日趋接近。但相比而言，静电数码印刷设备更适合小批量、高精度的印刷订单，喷墨印刷设备在对精度要求不高的大批量、可变数据印刷领域更具有优势。

4.2　印前出血设定

印前出血设定

印刷术语出血位，也称出穴位，其作用主要是使成品裁切时有色彩的地方在非故意的情况下色彩能完全覆盖到要表达的地方。

设计文件印刷完成后，都需要经过裁切才能变为成品，而裁切难免会存在误差。例如生活中，想要剪下一个印在白纸上的正方形，如果大家按正方形的边缘剪，不管多认真，这样剪出的正方形会带一点未剪干净的白纸。有什么方法能让剪出的正方形都不带白边呢？那就是制作这些正方形时，将色彩的界线稍微溢出，也就是加大。实际工作中，例子中的正方形可能是各种形状的包装展开图形。所以设计尺寸四周一般比成品尺寸大，预防因误差导致裁切掉重要内容或留下白边。如图 1-4-6 所示，这些多留出的安全区域就是出血位。

图 1-4-6　出血位及裁切线示意图

出血尺寸就是算上出血位的图画尺寸，也叫设计尺寸。设计尺寸，也是我们用设计工具，如 Photoshop、Illustrator 等进行画面设计时文件的画布大小，如果文件有出血设置，那么设计尺寸 = 成品尺寸 + 出血尺寸。如图 1-4-7 所示，出血位的标准尺寸为 3mm，实际工作中根据印刷品的厚度设置不同的出血尺寸，例如名片等小尺寸文件的出血尺寸通常为 2mm 或 1mm。产品包装箱就要适当调整预留大一些，考虑到板材比较厚，折痕会漏出出血以外的颜色，影响产品美观，如三层瓦楞纸箱，出血至少要留 4 ～ 5mm，五层瓦楞纸箱就要留 8 ～ 10mm 的出血尺寸。

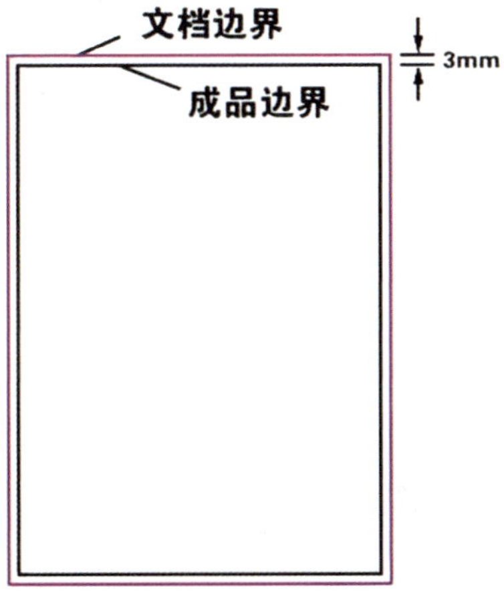

图 1-4-7　文件设计尺寸比印刷成品四周大 3mm 左右

常见的印刷纸张

4.3 常见印刷纸张与规格

4.3.1 常见的印刷纸张

一名优秀的设计者在日常工作中，不但要根据纸张规格计算印刷成品尺寸，还要善于利用各种纸张特性让设计的成品更加的专业和环保。纸张的好坏决定了其在印刷过程中的稳定性和印刷质量的优劣，因此它是印刷中耗材的一个重要组成部分。印刷用纸的种类目前多达 20 种以上，下面就来介绍一下常用的印刷纸张类型。

1. 铜版纸

铜版纸是彩色印刷中最常用的纸张，又名印刷涂料纸。它是在漂白木浆制成的原纸上涂一层白色化学原料，再经过压光而成，所以铜版纸有单面涂布压光和双面涂布压光两类，简称单铜和双铜。又因压光面分为亮光和无光两种，行业内简称光铜和哑粉。

铜版纸的特点是纸张表面光滑度和白度较高、厚薄均匀一致、伸缩性小，主要应用于印刷高端画册、杂志封面、明信片、精美的产品样本、彩色商标等彩色印刷品。

在定量方面，国家标准下的铜版纸分为 70g、80g、90g、100g、120g、130g、157g。进口铜版纸的定量一般为 125g、150g、200g、250g、300g。这里的定量指的是每平方纸的质量。不同定量铜版纸的示意图如图 1-4-8 所示。

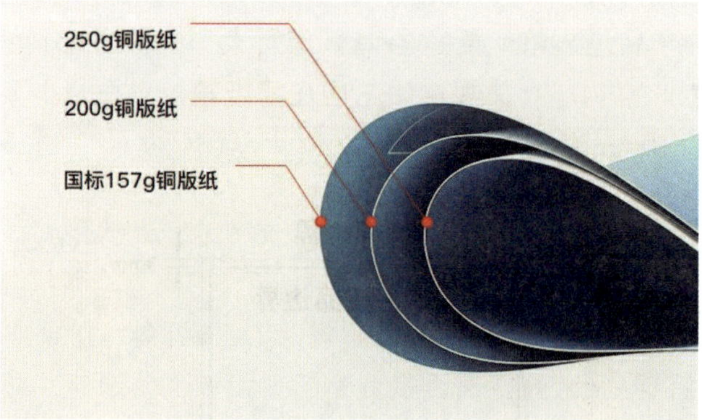

图 1-4-8 铜版纸定量

2. 哑粉纸

哑粉纸，正式名称是无光铜版纸。哑粉纸在日光下观察与铜版纸相比不太反光，用它印刷的图案虽没有铜版纸色彩鲜艳，但比铜版纸更细腻，更高档，印刷了颜色的地方也会跟铜版纸一样有反光度。

一般哑粉纸会比铜版纸薄并且白，更加吃墨，并且比较硬正，不容易变形。相比来说，铜版纸容易变形，导致书页出现不平整的情况。

3. 胶版纸

胶版纸，旧称“道林纸”，具有较高的强度和适印性。它是在漂白木浆制成的原纸表面施胶而成，有超级压光与普通压光两个等级。

胶版纸的特点是，平滑度好，质地紧密，不透明，但伸缩性小，对油墨的吸收性均匀，白度高，抗水性强。纸张表面光滑度、密度和印刷效果比铜版纸差一些。胶版纸是比较高级的书刊印刷纸，主要供平版印刷机（也可以是其他印刷机）印制较高级彩色的印刷品，如彩色画报、画册、宣传单、彩印商标、烟盒、贺卡及一些高级书籍、插画等。

胶版纸的定量分为50g、60g、70g、80g、90g、100g、120g、150g、180g等。

4. 新闻纸

新闻纸，又称白报纸，适用于报纸、期刊、连环画等的正文用纸。新闻纸是以木浆（或其他化学浆）为原料生产的，含有大量的木质素和杂质，抗水性能差，不宜书写，不宜长期存放。保存时间过长，纸张会发黄变脆，易破损。

新闻纸具有质量轻、弹性较好、吸墨性能好的特点，这就保证了油墨能更好地固着在纸面上。纸张经过压光后两面平滑、不起毛，从而使两面印迹比较清晰而且饱满。

新闻纸印刷时必须使用印报油墨或书籍油墨，而且油墨黏度不能过高。新闻纸的定量为（49～52）±2g。

5. 凸版纸

凸版印刷纸简称凸版纸。这是印刷业中，特别是中小型印刷厂使用最多的一种印刷纸，也是采用凸版印刷书籍、杂志时的主要用纸，适合作为重要著作、科技图书、学术刊物和大中专教材等的正文用纸。凸版纸按纸张用料成分配比的不同，可分为1号、2号、3号和4号4个级别。纸张的号数代表纸质的好坏程度，号数越大纸质越差。

凸版纸的特性与新闻纸相似，但又不完全相同。它的吸墨性能虽不如新闻纸好，但它具有吸墨均匀的特点。凸版纸的纤维组织比较均匀，同时纤维间的空隙又被一定量的填料与胶料所填充，并且还经过漂白处理，这就使得这种纸张对印刷具有较好的适应性。抗水性能及纸张的白度均好于新闻纸。这种纸写字容易洇，不适用于胶版印刷方法印刷书刊。

凸版纸的定量有52g、60g和70g三种。

6. 白卡纸

白卡纸，是一种坚挺厚实、定量较大的纸，也叫白板纸，分白底和灰底两种，常用于印刷名片、证书、高档包装物、精装书籍、请柬、封皮等。

白卡纸不但白度高，而且还有较高的挺度、耐破度和平滑度，但压印有花纹的白卡纸除外，韧性强，折叠时不易断裂，纸面平整，没有条痕、斑点。白卡纸克重为220～400g不等。

7. 牛皮纸

牛皮纸呈黄褐色，强度极大，因近似牛皮而得名。牛皮纸用途非常广泛，主要用于工业品、小五金、汽车零件、商品等的包装，这是因为这种纸质地坚韧，不容易破裂，能起到良好的保护包装物品的作用。此外，牛皮纸还可以加工制作为卷宗、档案袋、信封、唱片袋和另类的书籍封面。

牛皮纸分为双面牛皮纸和单面牛皮纸，双面牛皮纸分压光和不压光两种。

在国家标准中，牛皮纸的定量为 40 ～ 120g，在实际产品中也有 175g、250g、300g 等定量。

8. 特种纸

特种纸，又叫花式纸，是由不同材质的原料制成的，属于装饰用纸。由于材质和造纸工艺不同，特种纸种类繁多，颜色也非常丰富，是一些时尚前卫包装、印刷品、书籍、画册为了突出设计效果经常采用的纸张。纸的表面有的有压纹，有的经过特殊处理，其价格普遍高于普通纸张。

印刷时也要特别注意色彩还原方面的问题，例如在特种纸上印四色图，颜色和层次都要受到影响，最好选用颜色鲜艳、色调明快的图片。另外需要注意的是避免用大底色，一方面失去了特种纸的纹理效果，另一方面不易干燥。

4.3.2 印刷纸张开本与规格

开本，又称开数，是印刷行业中专门用于表示纸张幅面大小的行业用语，用全开纸张开切的若干等份表示纸张幅面的大小。开本在印刷、平面设计领域中使用的频率相当高，因此正确理解开本的含义、相关因素和表示方式，对于平面设计者来说是相当重要的。

在现阶段印刷行业中，对于纸张尺寸和规格的分类主要遵循两种原则，第一种是传统的尺寸规格，即按照国家标准来定义纸张的标准尺寸；第二种是按照国际标准定义纸张尺寸。两种原则都是在特定条件下使用的，不仅需要根据设计需求来选择，而且通常还取决于印刷机器。

用户在描述纸张尺寸时，尺寸书写的顺序是先写纸张的短边，再写长边，纸张的纹路（即纸的纵向）用 M 表示，放置于尺寸之后。例如 880×1230M（mm）表示长纹，880M×1230（mm）表示短纹。印刷品特别是书刊在书写尺寸时，应先写水平方向再写垂直方向。

1. 全开纸

全开纸是按国家标准规定生产的、未经裁切的纸张，目的是提供给大幅面的平版印刷机使用。当然，全开纸也可以被印刷厂进一步裁切成若干份较小的幅面供各种型号的平版印刷机使用。我国常用的全开纸有 4 种规格，它们的名称分别是正度、大度、A 度和 B 度。

（1）正度全开纸：787×1092（mm），是国内标准纸张，主要用于印刷行业，多用于书刊。

（2）大度全开纸：889×1194（mm），也称 A 类纸，是国际标准纸，多用于海报、彩页、画册。

（3）A 度全开纸：890×1240（mm）或 900×1280（mm），多用于信纸、复印纸。

（4）B 度全开纸：1000×1414（mm），多用于信封、档案袋。

2. 常规开本

常规开本，是指采用“几何级开切法”开切而成的纸张。即将全开纸规整地反复按“二等分”原则切开，如图 1-4-9 所示。常规开本的显著特点是开数变化呈 2 的 n 次方。将全张纸对折裁切后的幅面称为对开或半开；把对开纸再对折裁切后的幅面称为 4 开；把 4 开纸再对折裁切后的幅面称为 8 开，以此类推。

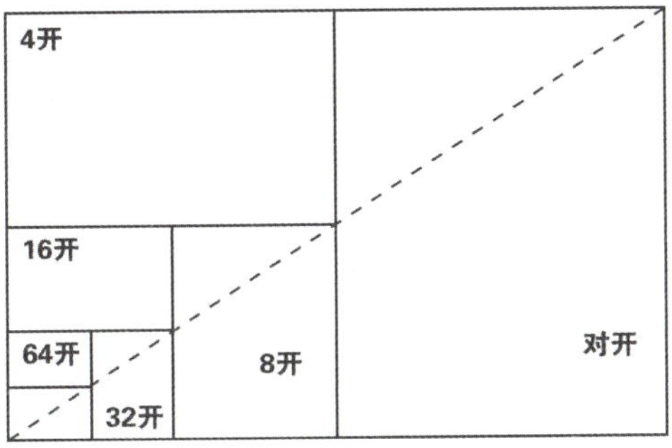

图 1-4-9 常规开本示意图

只要全开纸的规格相同，同一开数的开本的长度和宽度的尺寸就相同。常规开本纸张的优点是开数规整、统一，并且纸张利用率为 100%，便于用机器折页，所以书刊采用常规开本最经济划算，并能缩短印制周期。

假如要为一个企业设计产品目录，该企业对产品目录的尺寸没有提出特殊的要求，一般就可以采用大 16 开的尺寸来排版。常规开本常用于中小学的教科书、国家级宣传册等重要的印刷品。

裁切规格尺寸大度为：大 16 开本 210×297（mm）、大 32 开本 148×210（mm）和大 64 开本 105×148（mm）；裁切规格尺寸正度为：16 开本 188×265（mm）、32 开本 130×184（mm）、64 开本 92×126（mm）。

3. 特殊开本

特殊开本，是指常规开本以外的其他各种开本。按开切方法的不同，特殊开本可分为两类：偏开和变开。

（1）偏开。偏开指不对裁或第一次对裁以后几次间接不对裁的开料方法。偏开方法的纸张利用率也是 100%，但偏开方法比常规开本难度大。偏开页张的版面设计不太规律，书刊开数大的还好裁切，但如果开数小的就很难把握。因此，在裁切前一定要做好准备工作，确定无误后再进行裁切。偏开范围一般有 3 开、5 开、20 开、25 开、27 开、36 开等多种，偏开的方法常用于挂历、画册及各种儿童读物。几种偏开方法如图 1-4-10 所示。

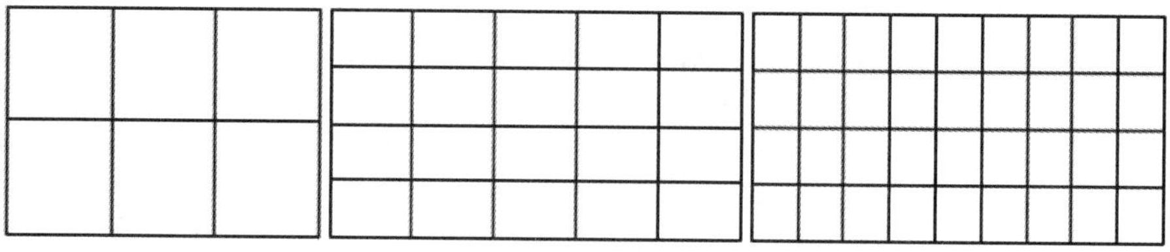

（a）6 开　　（b）20 开　　（c）36 开

图 1-4-10　几种偏开方法示意图

（2）变开。变开，又称为异形开本。指在一张全开纸张上裁切出幅面大小不同、形状长短不一的页面。排版时为了节省纸张，就会采用变开的方法，将不同规格的页面排在一张全开纸上面进行加工，纸张有纵向和横向直线开切，也不浪费纸张，但开出的页数，双数、单数都有。

开本按照尺寸的大小还分为 3 种类型：大型开本、中型开本和小型开本。以 787×1092（mm）的正度纸来说，12 开以下为大型开本，16 ～ 36 开为中型开本，40 开以上为小型开本，以文字为主的书籍一般为中型开本。开本形状除 6 开、12 开、20 开、24 开、40 开近似正方形外，其余均为比例不等的长方形。

以书籍为例，适用的开本多种多样，有的需要大开本，有的需要小开本，有的需要长方形开本，有的需要正方形开本。这些不同的要求只能在纸张的开切上来解决。由于各种不同全开纸的幅面大小差异，故相同开数的书籍幅面因所用全开纸不同而有大小差异，如书籍版权页上“787×1092 1/16”是指该书籍是用 787×1092（mm）规格尺寸的全开纸切成的 16 开本书籍。

一般来说，偏开亦有规律，而不同的开本在同一张纸上使用变开方法裁切时根本没有规律，所以在进行裁切时，需要科学的计算，掌握各种方法，保证工作正确顺利地进行。设计非常规尺寸的印刷品时，一定要考虑到纸张的尺寸和开法，节省纸张和印刷成本，以免造成浪费。

4.3.3　常见的打印纸规格

国际标准化组织的 ISO 216 国际标准指明了大多数国家使用的标准纸张的尺寸。此标准源自德国，于 1922 年通过，定义了 A、B、C 三组纸张尺寸。与我国情况类似，其他国家也有自己的标准，如美国、日本。一些标准纸张的具体尺寸如表 1-4-1 所示，单位为 mm。这里主要是指办公用纸和打印纸的规格。

表 1-4-1　标准纸张尺寸

ISO 216A		ISO 216B		ISO 216C	
A0	841×1189	B0	1000×1414	C0	917×1297
A1	594×841	B1	707×1000	C1	648×917
A2	420×594	B2	500×707	C2	458×648
A3	297×420	B3	353×500	C3	324×458
A4	210×297	B4	250×353	C4	229×324
A5	148×210	B5	176×250	C5	162×229
A6	105×148	B6	125×176	C6	114×162
A7	74×105	B7	88×125	C7	81×114
A8	53×74	B8	62×88	DL	110×220
A9	37×52	B9	44×62	C6/7	81×162
A10	26×37	B10	31×44		

从表中可以看出，国际标准（ISO2016）的纸张尺寸分为 A、B、C 三个系列。

A 组纸张中，A0 定义成面积为 1 平方米，接下来的 A1、A2、A3 等纸张尺寸都是定义成将编号少一号的纸张沿着长边对折，然后舍去到最接近的毫米值。

B 组纸张尺寸是编号相同与编号少一号的 A 组纸张的几何平均数。举例来说，B1 的短边尺寸是 A1 和 A0 的短边的几何平均数，B1 的长边是 A1 和 A0 的长边的几何平均数。所以，我们还可以得到一个规律，B 组纸张尺寸，当前编号的长边为编号少一号的纸张的短边。B 系列的纸张面积是同号 A 系列的 $\sqrt{2}$ 倍，例如 B4 纸张面积是 A4 的 $\sqrt{2}$ 倍。

同样地，C 组纸张尺寸是编号相同的 A、B 组纸张的几何平均数。举例来说，C2 边长是 B2 和 A2 边长的几何平均数。C 组纸张尺寸主要用于信封。一张 A4 大小的纸张可以刚好放进一个 C4 大小的信封。如果把 A4 纸张对折变成 A5 纸张，那它就可以刚好放进 C5 大小的信封。

4.4　模切及装订工艺

模切是指印刷品后期加工的一种裁切工艺，它可以把印刷品按照事先设计好的图形制作成模切板进行裁切，从而使印刷品的形状不再局限于直边或直角，使产品的造型更加精致、美观。传统模切生产用模切刀根据产品设计要求的图样组合成模切板，给模切板加压，将印刷品或其他板状坯料轧切成所需形状。

模切

1. 模切加工的原理

在模切加工过程中（如图 1-4-11 所示），印刷品或纸张首先经过弹性变形阶段，即组成印刷品的材料如纸张、纸板内的纤维发生弹性变形，然后随着压力的增加进入预破坏区的成型阶段，此时由于在钢刀、钢线附近的应力集中变大，使得印刷品内部纤维和填料局部破坏，印刷品表面出现压痕，对于有些印刷品只需要在表明形成压痕，不需要切割的部分来说，变形到此为止；对于模切来说，伴随着压力进一步增加进入脆性破坏阶段，将印刷品指定部位切断。

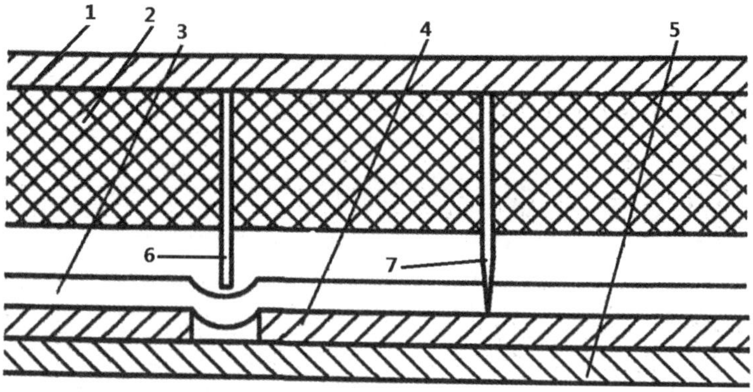

1—版台；2—模板；3—印刷品；4—压痕底模；5—压板；6—压痕线；7—模切刀

图 1-4-11　模切原理图

2. 模切设备

（1）模切机。模切设备主要分为两类：一类是专业用于纸箱彩盒包装的大型模切机；另一类是用于精密电子模切产品的模切机，两者的共同点是都是快速冲型产品，都需要使用模具来完成，是现代工艺中不可缺少的重要设备，各种模切工艺都是基于模切机产生的，所以模切机是模切的最重要的组成部分。

（2）打样机。打样机是用于产品打样的机器，运用在包装行业和精密电子行业中，根据产品的切割性能特点分为两类：一类以切割包装产品为主，替代手工切割样板，一般叫作纸箱纸盒电脑打样机；另一类是用于精密电子行业的打样机，通常叫作模切打样机，它们在行业中同样也扮演着重要角色，打样机与模切机是一种承上启下的关系，广泛用于工程样板设计。

随着电子行业的快速发展，尤其是消费电子产品范围的不断扩大，模切不再仅限于印刷品后期，也用于工业电子产品辅助材料的生产过程，主要应用于医疗保健、办公用品、电子电力、通信、工业制造、家庭休闲等行业。用来加工的模切材料有橡胶、胶带、泡棉、塑料、乙烯基、硅、金属薄片、光学膜、纱网、热熔胶带、矽胶等。

4.4.1　模切板

模切板制作的流程：底板的制作→钢刀（线）裁切成型→排刀组合拼版→粘贴弹性胶条→试切和垫板→留存管理。本节将重点介绍模切板制作工艺的各个流程控制点。

1. 底板的制作

底板的制作是指按产品的设计要求，采用一定的方式，在底板上绘出冲模轮廓，再经不同的工艺处理，按轮廓线锯出窄槽。底板制作过程分为两部分：绘制模切板轮廓图和切割底板。因此冲模轮廓图的绘制以及锯缝优劣是影响印板质量的关键。

底板的制作，起初全部由人工操作，必须先用手在板上画出冲模图形再用线锯，人工沿图形线条锯缝，冲模的精确度完全取决于个人的技术水平。目前激光制板系统已经较为成熟，在这个系统中，直到最后一个工序都是自动化作业，操作中只要把待模切产品的外形尺寸、纸张厚度等参数输入计算机，计算机便可控制底板制作系统，使底板按照冲模图形在激光束下自动地移动。它是以激光作为能源，通过激光产生的高温对模板的材料进行切割的方法。激光切割因为使用计算机控制，所以模切板切割精度很高。

底板材料主要有木质多层胶合板、高密度板、电木板等，目前以木质多层胶合板使用最为普遍，木质多层胶合板的厚度约为18mm，其耐用度较高。底板示意图如图1-4-12所示。

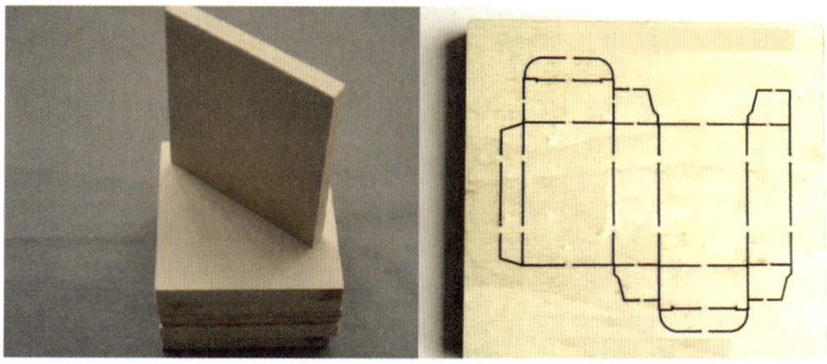

图 1-4-12　底板

2. 钢刀（线）裁切成型

钢刀在模切工艺中作切割之用，一般高为23.8mm，厚为0.7mm。钢线，又称压痕线，在模切加工中用作产品折叠处的压痕，不对产品进行切割。良好的压痕线，要求压痕的圆头对称居中且光滑，从两侧到顶端过渡均匀，以保障印刷品表面压痕后原有的平整性与光泽度。常用钢线高度为22～23.8mm，厚度为0.7mm、1.42mm、2.13mm。

钢刀（线）的裁切成型加工是指按设计的要求和规格，将模压用的钢刀、钢线裁切成段，然后按照所要求的几何形状进行加工的过程。底板切割成型后，将同样的图档导入自动弯刀机将刀模弯折成相应的形状，自动弯刀机采用卷装刀片，一般一卷100m，加工精度和效率都非常高。

钢刀的材质有硬性、中硬性、软性3种，钢刀的软硬指刀体部分，钢刀的刃口都很硬。裁切成型时，钢刀、钢线的选择应十分注意。

硬性钢刀机械强度高、弹性差，不可弯曲过大，尽量用作直线排刀，故适用于加工量大、纸板厚而形状较简单产品的加工。

软性钢刀弹性好，可以用作弯曲度大的弧线排刀，故适用于加工纸张薄、形状复杂的产品。

中硬度钢刀则介于两者之间，适用于模切贺卡、名片、纸板等。

3. 排刀组合拼版

排刀就是将钢刀（线）、衬空材料按制版要求拼装组合成模压板的过程。开始排刀前，根据产品设计规格和造型将制作好的规格样图与印刷图文进行核对。根据使用的衬空材料不同，排刀操作略有区别，金属空铅排刀技术要求一般稍高于胶合板衬空材料排刀。使用金属空铅排刀时，按照类似活字印刷中的排版操作，用空铅直接将刀型固定在模压版的指定位置，完成排刀。金属空铅排刀中，排出的压印版不能在模切加工中松动或串线。尤其是在排制各类几何图形时，既要保证图形规范，又要保证松紧适宜。一版多图时，相互之间要一致，不能因所加空铅倍率不同而产生差别。要求操作人员能够灵活自如地正确运用各种规格的衬空材料。

另外，排刀完成后印版对边各点的垂线要等距，以利于固刀时夹紧、固牢。使用胶合板衬空材料排刀操作中，钢刀（线）嵌入底板锯缝后应同底板平面垂直，间隙要适当，避免在嵌入或加工中出现变形或扭动等现象。如果版面是由多块底板组成，应先将单个底板排好成型后再逐个排列定型，最后统一夹紧固定。排好后的印版，其纵向和横向线要互成 90 度角，各边线要互相平行，这样整个版面才能平整。另外，钢刀、钢线接口要排放在合适的位置，接口间隙要适当，不能因压力作用而发生重叠或间隙过大等现象。排刀完成后，再做一次全面检查，核对无误后正式开始固刀。

常见的拼版组合形式有以下两种：

（1）一刀切拼版。一刀切拼版是将产品设计图紧排在一起，产品公共边缘使用同一条切线，一刀将相邻的两个产品图切开，示意图如图 1-4-13 所示。

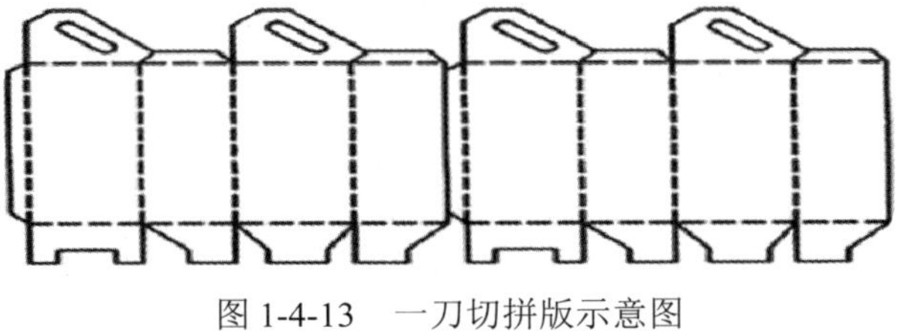

图 1-4-13　一刀切拼版示意图

（2）双刀切拼版。相邻产品之间留有空白，模切时各自用单独刀线切开。为了便于加工和清理废料，模切加工后的废边应该能连在一起。双刀切拼版示意图如图 1-4-14 所示。

4. 粘贴弹性胶条

弹性模切胶条在模切中所起的作用非常重要，它直接影响模切的速度与质量。模切板排刀完成后，为了防止模切刀、压痕线在模切、压痕时粘住纸张，使纸张在模切时走纸顺畅，在钢刀（线）两侧要粘贴弹性模切胶条。在不同的模切机上，应根据模切的速度和模切活件条件选用不同硬度、尺寸、形状的模切胶条。

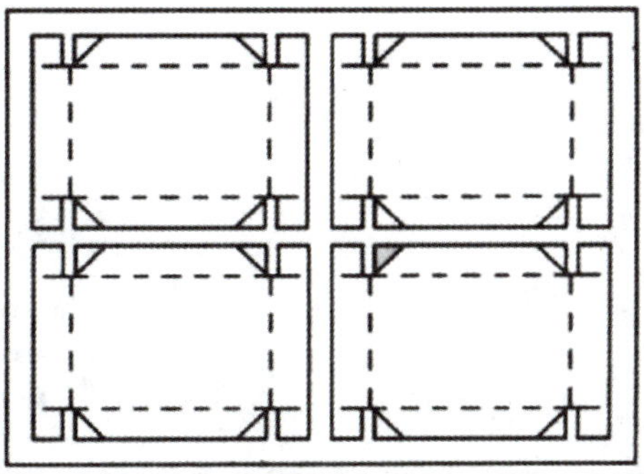

图 1-4-14　双刀切拼版示意图

模切胶条按硬度分为标准胶条、硬胶条和特硬胶条，根据粘接位置不同需要选用不同硬度的胶条。通常情况下，正常模切位置使用标准胶条；硬胶条贴在模切刀两侧有连接点的位置或在高速模切机的正常位置上；特硬胶条通常贴在狭小部分的位置或方齿刀、拉链刀等特殊刀具两侧，也可贴在高速模切机模切刀的连点位置。

模切胶条在模切使用时，因被压缩产生变形，如果模切胶条距离刀线过近，会使胶条在受压时产生侧向力，容易破坏纸张连点或使纸边拉毛，影响模切效果；如果距离钢刀太远，则起不到防止纸板粘刀的效果。模切胶条距离刀线的理想距离为 1 ～ 2mm。

5. 试切和垫板

模切板加工完成后，先要将它装在模切机上进行试切，如果试切试样局部正常，而有一部分切不透时，就要在局部范围进行垫板。垫板就是用 0.05mm 左右厚度的垫板纸粘贴在模切板底部，对模切刀进行高度补偿。当局部垫板后仍有个别刀线模切不透时，就要进行位置垫板，位置垫板就是用窄条垫板纸直接粘在模切刀底部进行刀线高度补偿。

制作好的模切板要附上记录卡，记录卡上应标明产品名称、编号、尺寸、模切板版本号，并建立模切板账卡物登记台账及更改、领用、发放记录，以便追溯和管理。

4.4.2　骑马钉

装订

书刊装订是组成书刊印刷的最后一道工序，通过装订才能使单张页面成册，成为便于翻阅保存的书籍、画册等。

书籍装订有多种形式，主要有平装、精装、线装三类，线装主要用于少量珍贵版本书和仿古书籍，一般书籍主要采用平装和精装。平装的书籍一般以纸质软封面为特质，是比较普及的一种装订方法，现有成套的生产设备及规范的工艺工程，适合装订发行量较大的教科书、通俗读物等。平装一般可分为骑马钉、胶装、活页装等。

骑马钉是一种快速、低成本的装订方式，它是将套贴配好的书芯连同封面一起，在书脊上用两到三个铁丝订（或钢丝订、铜丝订）扣订牢成为书刊的方法。打钉后再经三边修饰就可以完成装订。因为在套贴及打钉时，书帖是由中央部位摊开上下层，如屋顶或马鞍状，所以称为骑马钉。骑马钉案例如图 1-4-15 所示。

图 1-4-15　骑马钉

骑马钉的优点是，装订周期短、加工价格低廉、工艺简单；书本可完全平摊翻开，便于阅读；编辑上易于做跨页处理。

骑马钉的缺点是，装订的牢固度较差，而且使用的铁丝难以穿透较厚的纸页。使用骑马钉时要注意，骑马钉不能加工过厚的书本，一是书脊处会明显地鼓出；二是由于厚度越大，对于书芯横向尺寸影响越大，版心容易跑位。例如，纸张 16 开 157 克双面铜版纸的样本，页码就应该控制在 40 页以内，开本越小，页码也相应减少，如果书本过厚，应采取其他装订方式。骑马钉装订的书册不存在明显的书脊，不便于陈列、存放、检索。

4.4.3　胶装

胶装，印刷中的常用术语，通常理解是使用双面胶、胶水等胶制品的方式制作书籍，然后按照成品尺寸裁切的装订方法。

胶装又分为无线胶装和有线胶装。

无线胶装是指用胶水将印刷品的各页固定在书脊上的一种装订方式，是目前比较常用的，书店中销售的图书大多都是无线胶装。胶装中又分为热胶（EVA）、冷胶（PVA）、PUR 胶装。国内目前最常用的是热溶胶装工艺。无线胶装既能用于平装，也能用于精装，也是印刷开本较大书籍的主要装订方式。

无线胶装装订作业自动化、迅速，时效性良好，书刊可做 160 度摊开阅读，若使用

PUR 胶装便可接近 180 度，从而容易阅读跨页照片及图表；最大胶装厚度可达 7 厘米左右，有很大的配帖配页自由度。无线胶装产品如图 1-4-16 所示。

图 1-4-16　无线胶装产品

无线胶装也有缺点，例如若胶质不良或糊合不好，翻动次数多时则容易脱落；阅读时，若在中缝加重压，即有可能产生龟裂，也可能会脱页；不良胶料遇气候变冷则会变脆，易产生脱胶现象。热溶胶装的书本不宜采用克数过高的纸张，否则有可能造成书脊粘胶处脱胶断裂。

有线胶装，在行业中又称锁线胶装，顾名思义，内含两道工序，分别是“锁线”和“胶装”，过程是折页后再用白色线将每张穿起来后再胶装起来。其优点是装订效果结实平整，因有锁线工序，所以不会轻易出现翻阅时间久而开裂掉页的情况，缺点是成本比无线胶装、骑马钉装订的高。锁线胶装印刷品如图 1-4-17 所示。

图 1-4-17　锁线胶装印刷品

4.4.4　线装

线装是书籍装订的方法之一，主要用于少量珍贵版图书和仿古书籍的装订。线装，顾名思义是用线进行装订，用线把书页连封面装订成册，订线露在外边的装订形式。装订时将印页依中缝折正，使书口对齐，书前后加封面、打眼穿线即成。线装书只宜用软封面，且每册不宜太厚，所以一部线装书往往分为数册、数十册。线装装订在中国传统的装订技术史上最为先进。线装书既便于翻阅，又不易散破，散破了也便于重装，恢复原貌。当下线装仍在流行，并被视为典雅的装订方式。

思考与练习

一、选择题

1．喷绘使用的（　　）3 种墨水具有防紫外线的特效。

A．水性墨水，弱溶剂墨水，溶剂墨水　B．水性墨水，弱溶剂墨水，UV 墨水

C．水性墨水，溶剂墨水，UV 墨水　　D．弱溶剂墨水，溶剂墨水，UV 墨水

2．按照传统的印刷形式分类，印刷可分为无版印刷和有版印刷两大类。无版印刷通常是指（　　）。

A．数字印刷　　B．凹版印刷　　C．丝网印刷　　D．平版印刷

3．出血的设定是设计尺寸四周一般情况下比成品尺寸大（　　）。

A．3mm　　B．13mm　　C．1mm　　D．1cm

4．（　　），又称白报纸，是报刊和书籍的主要用纸。保存时间过长，纸张会发黄变脆，易破损，抗水性能差，不宜书写。

A．哑粉纸　　B．新闻纸　　C．胶版纸　　D．白卡纸

5．正度全开纸尺寸为(　　)(mm)，正度纸开本是国内标准纸张，主要用于印刷行业，多用于书刊。

A．787×1092　　B．1000×1000

C．1024×780　　D．889×1194

6．大度全开纸尺寸为（　　）（mm），是国际标准纸，多用于海报、彩页、画册。

A．787×1092　　B．1000×1000

C．1024×780　　D．889×1194

7．（　　），顾名思义，内含两道工序，分别是“锁线”和“胶装”。

A．有线胶装　　B．无线胶装　　C．线装　　D．骑马钉

二、填空题

1．四色印刷是青色、品红、黄色、__________四色按减色混合原理实现全彩色复制的平版印刷方法，利用四种颜色套印出产品需要的颜色。

2．数码印刷可以分为静电印刷和__________。

3．喷墨印刷大致上分为 __________ 和按需喷墨两类。

4．如果文件有出血设置，设计尺寸 = 成品尺寸 +__________。

5．铜版纸因压光面分为亮光和无光两种，行业又称光铜纸和 __________。

6．印刷品特别是书刊在书写尺寸时应先写 __________ 再写 __________。

三、思考题

喷绘、打印、印刷三者间的区别。

随手笔记

项目篇

项目 1　海报设计与制作

项目导读

通过对本项目的学习，学生可以理解海报设计的基本概念，掌握常见商业海报招贴的设计制作方法，明确招贴设计与广告及产品宣传之间密不可分的关系。本项目共包含3个任务，按照主题、软件平台、适用范围的不同而展开。任务完成后学生可以熟练掌握海报设计的电子文件制作全过程，并熟悉相关的法律法规条款，在此基础上形成对海报设计的统一思路，对如何制作商业项目有较为全面深入的认识。

教学目标

- 了解海报中图文元素的选择与混排设计方法。
- 掌握使用计算机制图软件进行海报印刷稿设计制作的方法。
- 掌握海报制作过程中的关键技术与法律法规及行业知识。

任务 1　地产海报设计制作

【任务描述】

（1）任务主题 :“月下海楼”城芯叠墅主题宣传海报仿真制作。

（2）任务背景: 本任务的核心内容为云尚地产“月下海楼”主题楼盘的海报宣传设计，该楼盘特点是新型房屋建筑结构——叠墅。叠墅是在综合情景洋房公寓与联排别墅特点的基础上产生的，由多层的复式住宅上下叠加在一起组合而成，下层有花园，上层有屋顶花园，具有独门独院、独立扶梯、超大露台、私家庭院、多重花园等设施。其内部空间具有独幢别墅的一切元素，是一种和一般别墅一样有天、有地、有花园的私密生活空间，也是一种拥有叠墅精神内核的居住文化。而楼盘的主题“月下海楼”包含着浓厚的文化和历史底蕴。在钢筋水泥的城市里，拥有宽敞私密天地的叠墅是很多都市人的梦想。

珍贵的市中心土地资源中极少量出现的叠墅成为城市人居的难得臻藏，从土地价值到地段价值再到产品品质显得尤为珍贵，也因此更能凸显拥有者的尊贵身份。

【任务要求】

按照参考图进行海报印刷图仿真制作，具体要求如下：

（1）制作尺寸：W460mm×H1000mm（成品）。

（2）软件平台：Illustrator、Photoshop。

（3）交付格式：电子源文件（.ai/.psd）+ 预览图（.jpg）。

（4）命名方式：电子文件命名为“班级 + 学号 + 姓名”。

（5）印前处理：出血 2mm，文字创建轮廓。

（6）主要字体：微软雅黑、Arial、李旭科书法体。

参考图如图 2-1-1 所示。

图 2-1-1　“月下海楼”叠墅海报参考图

【知识链接】

海报是一种信息传递的艺术，是大众化的宣传工具，是贴在街头墙上，挂在橱窗里的大幅画面，因醒目而吸引路人注意。在当今社会中，海报广泛地应用于各种商业领域和活动中，有不可替代的宣传、推广效果。而在学校里，海报也常用于文艺演出、运动会、故事会、展览会、家长会、节庆日、竞赛游戏等活动的主题宣传。

海报设计总的要求是让人一目了然。一般的海报通常含有通知性，所以主题应明确显眼，具有一定的明视度，一目了然。在此基础上以简洁的语句概括出如时间、地点、附注等主要内容。海报插图和布局的美观通常是吸引眼球的最好方法。

海报按其应用不同大致可以分为商业海报、文化海报、电影海报、公益海报、节日海报等，这里对它们进行简单介绍。

1. 商业海报

商业海报是指宣传商品或商业服务的广告性海报，它的设计要恰当地配合产品的格调和受众对象，如图 2-1-2 所示。

2. 文化海报

文化海报是指各种社会文娱活动及各类展览的宣传海报。活动及展览的种类很多，此类海报要根据活动主题对代表性元素进行选择与组建，构成符合该活动或展览主题氛围的海报，起到强化宣传、烘托氛围的作用，如图 2-1-3 所示。

图 2-1-2　商业海报

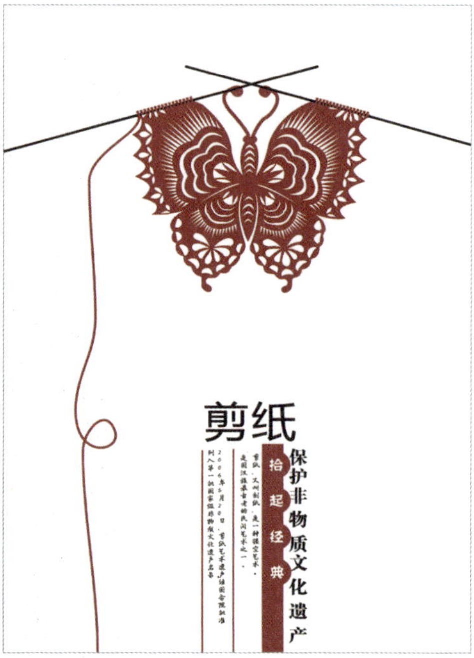

图 2-1-3　文化海报

3. 电影海报

电影海报是一种常见的海报形式，主要起到吸引观众注意、提高电影票房收入的作用，其视觉性更加凸显，主题鲜明而突出，附加信息简洁明了而内容高度统一，如图 2-1-4 所示。

4. 公益海报

公益海报带有一定的思想性和公益引导性。这类海报对公众具有特定的教育意义，其主题包括对各种社会公益、道德、政治思想的宣传，弘扬爱心奉献、保护自然环境的精神等，如图 2-1-5 所示。

图 2-1-4　电影海报

图 2-1-5　公益海报

5. 节日海报

节日海报适用于各种公共节日宣传，在设计层面主要以突出节日气氛为主。由于节日的主题多种多样，海报的基调也就大有不同，有的充满欢乐与激情，有的则是宁静而肃穆。节日海报的最大特点就是应景，在适时的环境下能够得到人们自发的大规模传播，如端午节海报、春节海报、国庆节海报、中秋节海报、重阳节海报等，如图 2-1-6 所示。

图 2-1-6　节日海报

从海报的视觉方面来说，元素的构图是否得当在整个海报设计中起着至关重要的作用。

构图的技巧，除了需要借鉴掌握色彩运用的对比技巧外，还需要考虑几种对比关系，如粗细对比、远近对比、疏密对比、动静对比等。

1. 粗细对比

所谓粗细对比，是指在构图过程中所使用的色彩以及由色彩组成图案而形成的一种风格。我们知道在书画作品中有工笔和写意之说，而工笔与写意同时出现在一个画面上称为“兼工带写”，这种风格在设计构图中是经常利用的表现手法。粗细对比有些是主体图案与陪衬图案对比；有些是中心图案与背景图案对比；有的是一边粗犷如风卷残云，另一边则精美得细若游丝；有些以狂草的书法取代图案，在一些食品类宣传海报中很常见，如图 2-1-7 所示。

图 2-1-7　粗细对比（兼工带写）

2. 远近对比

在国画山水的构图中讲究近景、中景、远景，而在平面设计中以同样的原理也有近中远几种画面的构图层次。所谓近，就是一个画面中最抢眼的那部分图案，也叫第一视觉冲击力，即设计方案中要表达的最重要的内容。中景，起到承上启下的作用，在近景和远景之间进行衔接与视觉过渡。远景即烘托画面氛围的背景或整体色调，在兼顾人们审视一个静物画面的习惯中，从上至下，由近到远地凸显出其中最想要表达的主题部分，用设计的画面力紧紧地把观者的视线引导过来，如图 2-1-8 所示。

图 2-1-8　远近对比

3. 疏密对比

疏密对比和色彩使用的繁简对比很相似，即图案中该集中的地方必须有疏散的陪衬，不宜都集中或都疏散。“疏可走马，密不透风”，体现一种疏密协调、节奏分明、有张有弛、繁简相依的画面感，如图 2-1-9 所示。

4. 动静对比

在一种图案中，我们往往会发现这种现象，在主题名称处的背景或周边刻意表现出随形随性的自然图案（如墨迹、光晕等），这都是为了表现出一种“动静结合”的感觉，主题名称端庄稳重，而大背景则是随形律动，这种场面便是静和动的对比。这种对比将动静有机结合，视觉效果令人感到舒服，符合人们正常的审美心理，如图 2-1-10 所示。

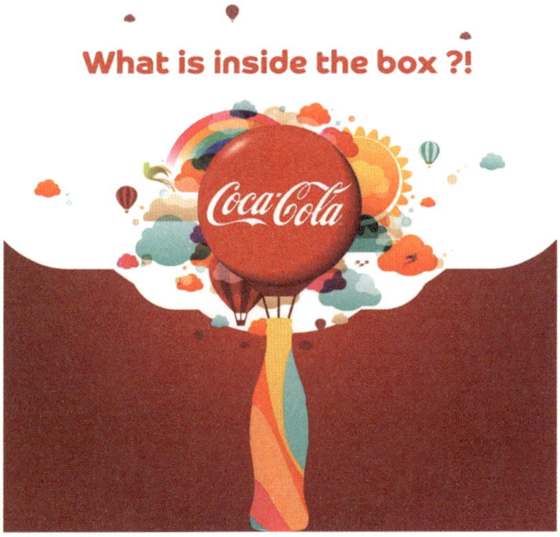

图 2-1-9　疏密对比

图 2-1-10　动静对比

【任务实施】

核心步骤 1：素材制作。

（1）打开 Illustrator，新建文档，命名为“动线”，纸张大小选择 A4，如图 2-1-11 所示。

图 2-1-11　新建文档

（2）使用“钢笔工具”绘制两条线，注意线条有波动特点且需要交叉，将线条描边数值设置为 0.25pt，如图 2-1-12 所示。

图 2-1-12　绘制两条线

（3）在菜单栏中选择“对象”→“混合”→“混合选项”命令，在弹出的“混合选项”对话框中选择对应的选项，如图 2-1-13 所示。

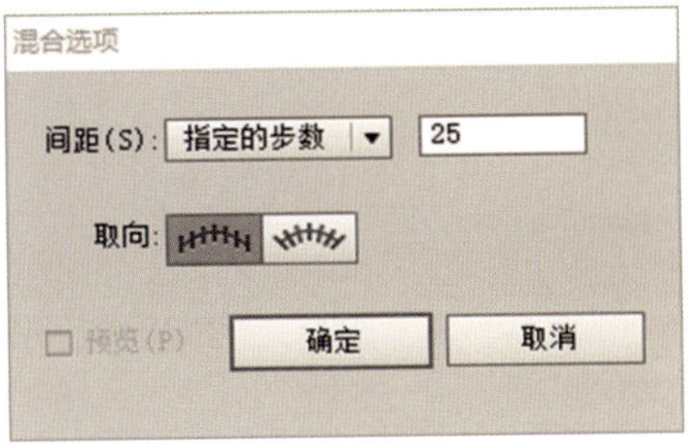

图 2-1-13　“混合选项”对话框

（4）同时选中绘制的两条线，在菜单栏中选择“对象”→“混合”→“建立”命令，效果如图 2-1-14 所示。

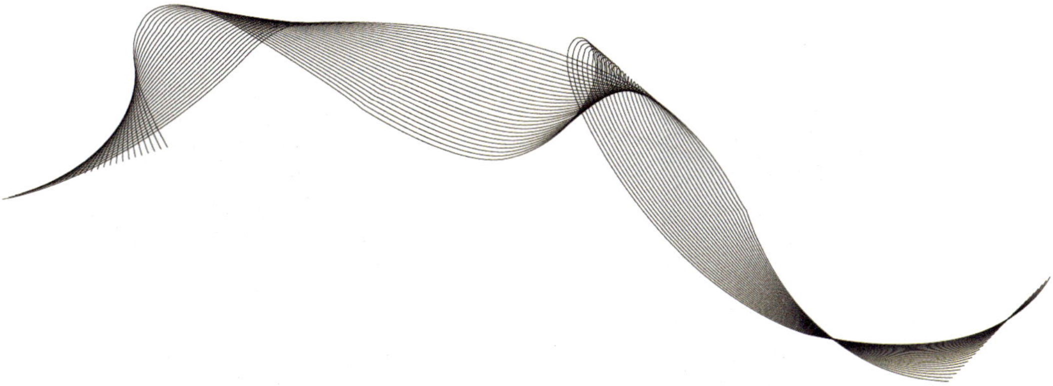

图 2-1-14　混合效果

（5）保存源文件“动线 .ai”，在菜单栏中选择“文件”→“导出”命令，导出“动线 .png”。

核心步骤 2：内容制作。

（1）打开 Photoshop，建立底图文件：466mm×1006mm（含每边出血 3mm），分辨率设置为 300 像素 / 英寸，如图 2-1-15 所示（按四色印刷标准设定；如输出为写真喷绘，分辨率可设置为 96 像素 / 英寸），填充底色的色值为（C80 M80 Y80 K70），并将四周的 3mm 出血用参考线标记好位置，以防制作时有效图文过于靠边，后期加工时被裁掉（海报的后期加工需要按出血尺寸裁切四边）。可先将该空白文件保存为“海报 .psd”。

（2）打开素材文件“动线 .png”，用“移动”工具直接将其拉至“海报”画面中。观察“图层”面板，此时画面应包含两个图层，选中“动线”图层，在下方的添加图层样式中选择“颜色叠加”，颜色改为“白色”。选中所在图层右击并选择“复制图层”选项，调整两个素材的大小，放置到合适位置，透明度改为 30，如图 2-1-16 所示。

（3）本例中的“屋檐”素材是通过拍摄获取的，经过去背景、调色等基础处理后保存文件并命名为“屋檐 .png”。把素材“屋檐 .png”拖入“海报”画面中，调整素材大小，放置到合适位置，如图 2-1-17 所示。

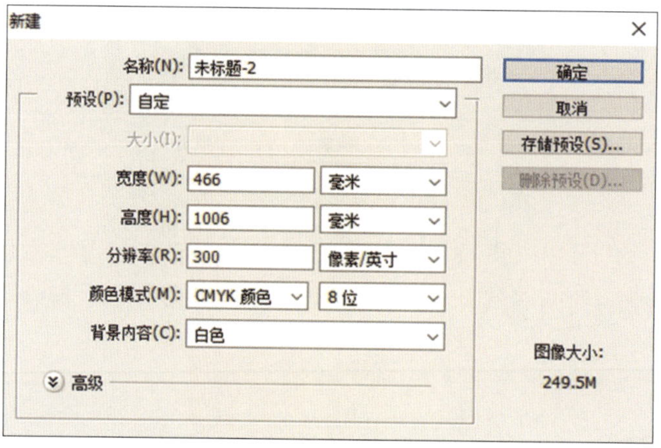

图 2-1-15　新建底图文件

图 2-1-16　调整素材 1

图 2-1-17　调整素材 2

（4）将素材“清明上河图”拖入“海报”画面中，调整两个素材的大小，放置到合适位置，选择“滤镜”→“模糊”→“高斯模糊”命令，半径设置为 15，如图 2-1-18 所示。

（5）用“文字工具”输入文字“厚”和“蕴”，设置字体为“李旭科书法体”，调整大小并放置到合适位置。在“图层”面板中，按住 Alt 键，将鼠标移动到“清明上河图”图层和“厚”字图层的中间，出现向下箭头时单击将“清明上河图”嵌入到文字“厚”里，调整好图文相对位置。复制“清明上河图”图层，移动到文字“蕴”图层的上方并进行相同的操作，如图 2-1-19 所示。

图 2-1-18　调整素材 3

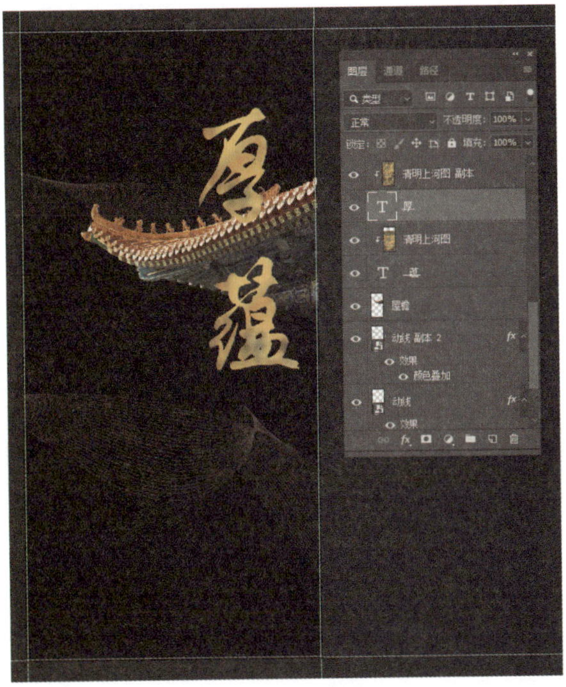

图 2-1-19　处理素材

（6）选中“厚”字图层，单击下方的“图层蒙版”命令，然后选中蒙版缩略图，应用“画笔工具”，调整画笔的样式和大小，如图 2-1-20 所示。

（7）在画面中“厚”字的下方简单涂抹，达到半透明效果，如图 2-1-21 所示。

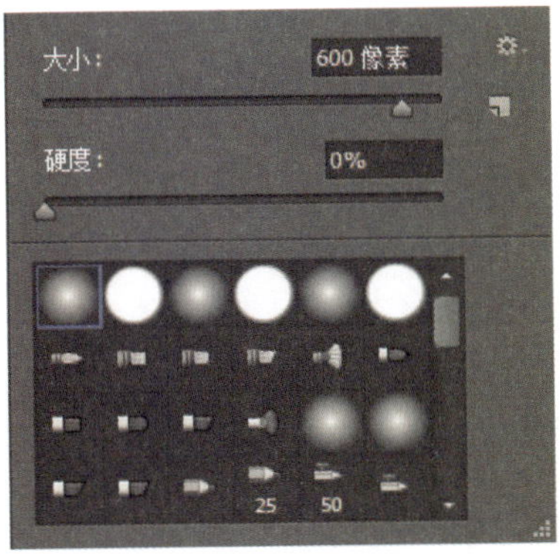

图 2-1-20　设置参数

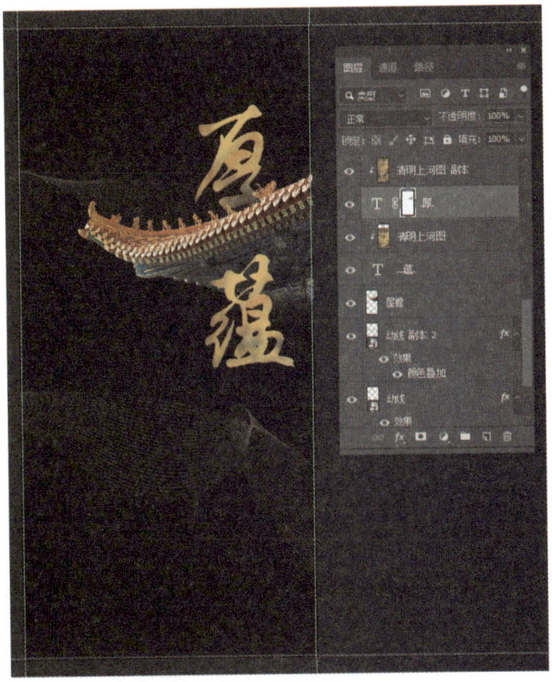

图 2-1-21　半透明效果

（8）应用“文字工具”输入文字广告语“历史厚蕴的传奇 承载城市伟大格局”“THE LEGEND OF HISTORY”，中文字体为“微软雅黑”，英文字体为 Arial。调整文字大小，移动到合适位置并为其添加图层样式“渐变叠加”，渐变的 3 个颜色数值从左到右依次为（C20 M40 Y70 K0），（C0 M0 Y0 K0），（C10 M20 Y40 K0）。“样式”改为“线性”，“角度”为 60 度，“缩放”为 150%，如图 2-1-22 所示。

（9）设置并调整后的效果如图 2-1-23 所示，将 Photoshop 最小化。

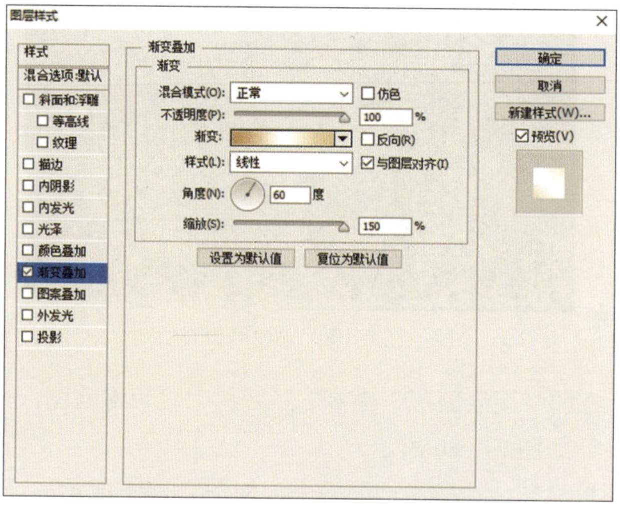

图 2-1-22 “图层样式”对话框

图 2-1-23 设置效果

（10）打开 Illustrator，建立画板，新建文件，准备绘制如图 2-1-24 所示的抽象屋顶素材。

图 2-1-24 准备绘制的抽象屋顶素材

（11）绘制一个正圆和一个矩形，矩形的宽度和圆形的半径相等，将矩形的左上角对齐到圆形中心点，如图 2-1-25 所示。

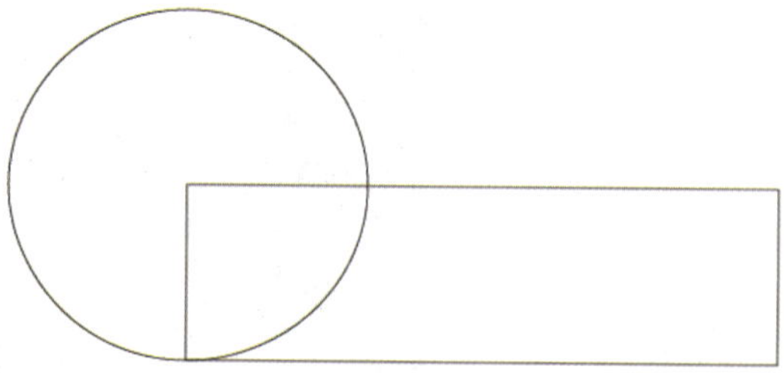

图 2-1-25 绘制基本图形

（12）复制这个圆形，平移到矩形的右侧，将矩形右上角对齐圆形的中心点，如图 2-1-26 所示。

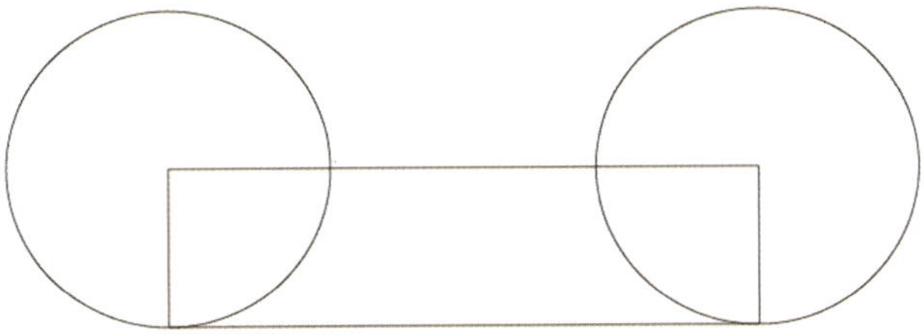

图 2-1-26　复制图形

（13）选中 3 个图形，使用“路径查找器”面板中的“减去顶层”命令得到一个类似屋顶的图形，如图 2-1-27 所示。

图 2-1-27　屋顶图形

（14）在工具栏中选择“直接选择工具”，选中得到图形的最右侧两个锚点，往右拖动，使这个图形加长并在顶端中间用“钢笔工具”添加锚点，如图 2-1-28 所示。

图 2-1-28　添加锚点

（15）用白色箭头将图形最上方边的锚点移动到边的中心并垂直往下移动，如图 2-1-29 所示。

图 2-1-29　移动锚点

（16）选中这个锚点并单击“将所选锚点转换为平滑”按钮，如图 2-1-30 所示。

（17）为图形填充颜色（C20 M60 Y70 K0），如图 2-1-31 所示。

（18）复制这个图形，等比例缩小并放到合适位置，为新图形填充颜色（C60 M60 Y60 K10），如图 2-1-32 所示。

图 2-1-30　将所选锚点转换为平滑

图 2-1-31　填充颜色

图 2-1-32　复制并调整图形

（19）保存源文件“屋顶 .ai”，在菜单栏中选择“文件”→“导出”命令导出“屋顶 .png”并拖动到 Photoshop 的“海报”文件中进行排版，如图 2-1-33 所示。

（20）继续应用“文字工具”，将其他的文字输入到成品文件中，按照设计意图进行编辑排版，完成成品文件。仔细校稿，确认文字和图片均无误后将文字层栅格化（建议另存一份未栅格化文字层的源文件以备将来修改使用），保存源文件并导出 JPG 预览文件，如图 2-1-34 所示。

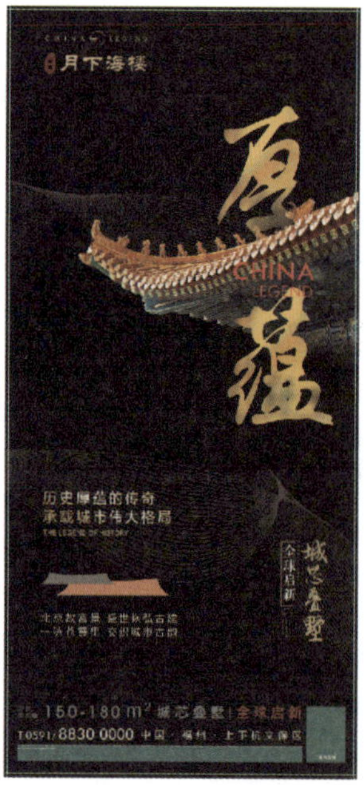

图 2-1-33　排版

图 2-1-34　栅格化文字层

【任务小结】

本任务是以 Photoshop 为主要平台，以 Illustrator 为辅助平台设计像素图商业海报，紧扣主题，商业氛围浓厚，中式传统感跃然纸上，技术难易度适中，采用面向固定成品效果的仿真制作方式进行教学，使学生在了解项目背景和市场定位的前提下进行明确目标的针对性训练，为后面的拓展实战项目打下基础。

地产海报
主要制作步骤

【考核评价】

评分项目	评分标准	参考分值	备注	得分
基础页面尺寸	各部位尺寸准确、无误差，参考线位置准确	20		
主图制作	创意巧妙，紧贴主题，美观大方	20		
	元素齐全无缺失，矢量元素制作准确，图像分辨率满足印刷要求	20	四色印刷分辨率为 300ppi 写真喷绘分辨率为 96ppi	
印前工艺	出血值准确，文字层已栅格化	20	出血值 2 ～ 3mm 均可	
校稿	错别字及符号检查，中英文和数字字体检查	20		

任务 2　眼镜店海报设计制作

【任务描述】

（1）任务主题："遇见"眼镜宣传海报仿真制作。

（2）任务背景：内蒙古赤峰市"遇见"眼镜店的创始人从事验光工作二十多年，经过不断的经验积累和技术完善创立了"遇见"眼镜品牌店，引进先进的验光设备、加工设备、维修设备，并设有验光部、加工部、导购部、人事部、财务部等，专业的团队做专业的事，专门提供验光配镜以及各种眼镜的维修保养及相关领域产品的销售。

（3）公司特点：医学验光，科学配镜。

（4）产品用途：针对各年龄段人群用来改善视力、保护眼睛或作装饰用途的用品。可矫正多种视力问题，包括近视、远视、散光、老花、斜视、弱视等。

【任务要求】

按照参考图进行海报印刷图仿真制作，具体要求如下：

（1）制作尺寸：W600mm×H900mm（成品）。

（2）软件平台：Illustrator。

（3）交付格式：电子源文件（.ai）+ 预览图（.jpg）。

（4）命名方式：电子文件命名为“班级 + 学号 + 姓名”。

（5）印前处理：出血 3mm，文字创建轮廓。

（6）主要字体：微软雅黑、Arial、时尚中黑简体。

参考图如图 2-1-35 所示。

图 2-1-35　参考图

【知识链接】

从海报的内涵方面来说，随着中国经济持续高速增长、市场竞争日益扩张、竞争不断升级、商战已开始进入“智战”时期，广告也从以前的所谓“媒体大战”“投入大战”上升到广告创意的竞争。“创意”一词成为中国广告界最流行的常用词。从这一层面进行挖掘，则广告创意是介于广告策划与广告表现制作之间的艺术构思活动。即根据广告主题，经过精心思考和策划，运用艺术手段，把所掌握的材料进行创造性的组合，以塑造一个意象的过程。简而言之，即广告主题意念的意象化。因此，海报设计与广告创意是密不可分的。换言之，一幅好的海报作品，不但要有美观、协调、舒适的构图和设计技法，更要有意味深远、符合行业定位的创意构思。

1. 什么是设计构思

无论何种商业设计作品，其设计的最终目的不仅在于瞬间吸引消费者，更在于长久地留住并培养固定消费群体。而设计作品除了直观地反映主题之外，在一定程度上也能够折射出设计者对美学意识的感悟以及对形式美的追求与创新。它所表达的意蕴丰富与否、它的生命力长久与否，均体现在作品的创意之中。因此，创意是设计生命之所在。平面设计师的想象不是纯艺术的幻想，而是把想象利用科学技术转化为对人有用的实际产品。这就需要先把想象加以视觉化，这种把想象转化为现实的过程就是运用设计专业的特殊绘画语言把想象表现在图纸上的过程。

所以一名优秀的平面设计师必须具备良好的绘画基础和一定的空间想象力，同时还需要具备精良的表现技术，这样才能在制图中得心应手，充分地表现产品的形、色、质感，通过作品来引起人们感觉上的共鸣。

平面设计师面对抽象的概念和构想时必须经过具体过程，也就是化抽象概念为具象的塑造，才能把脑中所想到的形象、色彩、质感和感觉化为具有真实感的事物。平面设计的过程是客观与主观并存共生的微妙历程。同时，平面设计师还必须具备对设计作品所属行业相关法律法规（如《中华人民共和国广告法》和《中华人民共和国商标法》等）及本行业技术标准与规范的熟知能力，只有这样才能保证其作品符合法律要求和行业标准，进而满足客户的需求。

【知识拓展】

法律法规摘录

作为一名合格的平面设计师，应该对相关法律法规做到熟知。因篇幅所限，仅在此摘录与设计制图关系最为密切的，也是在作图过程中最容易出错的相关法律条款，以期帮助读者把握作品内容及素材的选用，避免在设计制图过程中出现违反法律的情况。

摘录《中华人民共和国广告法》（2015 年 9 月 1 日施行，2021 年 4 月 29 日第二次修正）中的相关条款。

第二章　广告内容准则

第九条　广告不得有下列情形：

（一）使用或者变相使用中华人民共和国的国旗、国歌、国徽，军旗、军歌、军徽。

（二）使用或者变相使用国家机关、国家机关工作人员的名义或者形象。

（三）使用“国家级”“最高级”“最佳”等用语。

（四）损害国家的尊严或者利益，泄露国家秘密。

（五）妨碍社会安定，损害社会公共利益。

（六）危害人身、财产安全，泄露个人隐私。

（七）妨碍社会公共秩序或者违背社会良好风尚。

（八）含有淫秽、色情、赌博、迷信、恐怖、暴力的内容。

（九）含有民族、种族、宗教、性别歧视的内容。

（十）妨碍环境、自然资源或者文化遗产保护。

（十一）法律、行政法规规定禁止的其他情形。

第十二条　广告中涉及专利产品或者专利方法的，应当标明专利号和专利种类。

未取得专利权的，不得在广告中谎称取得专利权。

禁止使用未授予专利权的专利申请和已经终止、撤销、无效的专利作广告。

第十三条　广告不得贬低其他生产经营者的商品或者服务。

第十五条　麻醉药品、精神药品、医疗用毒性药品、放射性药品等特殊药品，药品类易制毒化学品，以及戒毒治疗的药品、医疗器械和治疗方法，不得作广告。

前款规定以外的处方药，只能在国务院卫生行政部门和国务院药品监督管理部门共同指定的医学、药学专业刊物上作广告。

第十六条　医疗、药品、医疗器械广告不得含有下列内容：

（一）表示功效、安全性的断言或者保证。

（二）说明治愈率或者有效率。

（三）与其他药品、医疗器械的功效和安全性或者其他医疗机构比较。

（四）利用广告代言人作推荐、证明。

（五）法律、行政法规规定禁止的其他内容。

第十七条　除医疗、药品、医疗器械广告外，禁止其他任何广告涉及疾病治疗功能，并不得使用医疗用语或者易使推销的商品与药品、医疗器械相混淆的用语。

第十八条　保健食品广告不得含有下列内容：

（一）表示功效、安全性的断言或者保证。

（二）涉及疾病预防、治疗功能。

（三）声称或者暗示广告商品为保障健康所必需。

（四）与药品、其他保健食品进行比较。

（五）利用广告代言人作推荐、证明。

（六）法律、行政法规规定禁止的其他内容。

保健食品广告应当显著标明“本品不能代替药物”。

第二十一条　农药、兽药、饲料和饲料添加剂广告不得含有下列内容：

（一）表示功效、安全性的断言或者保证。

（二）利用科研单位、学术机构、技术推广机构、行业协会或者专业人士、用户的名义或者形象作推荐、证明。

（三）说明有效率。

（四）违反安全使用规程的文字、语言或者画面。

（五）法律、行政法规规定禁止的其他内容。

第二十二条　禁止在大众传播媒介或者公共场所、公共交通工具、户外发布烟草广告，禁止向未成年人发送任何形式的烟草广告。

禁止利用其他商品或者服务的广告、公益广告宣传烟草制品名称、商标、包装、装潢以及类似内容。

烟草制品生产者或者销售者发布的迁址、更名、招聘等启事中，不得含有烟草制品名称、商标、包装、装潢以及类似内容。

第二十三条　酒类广告不得含有下列内容：

（一）诱导、怂恿饮酒或者宣传无节制饮酒。

（二）出现饮酒的动作。

（三）表现驾驶车、船、飞机等活动。

（四）明示或者暗示饮酒有消除紧张和焦虑、增加体力等功效。

第三章　广告行为规范

第三十七条　法律、行政法规规定禁止生产、销售的产品或者提供的服务，以及禁止发布广告的商品或者服务，任何单位或者个人不得设计、制作、代理、发布广告。

第三十九条　不得在中小学校、幼儿园内开展广告活动，不得利用中小学生和幼儿的教材、教辅材料、练习册、文具、教具、校服、校车等发布或者变相发布广告，但公益广告除外。

第四十四条　利用互联网从事广告活动，适用本法的各项规定。

2. 如何进行设计构思

应该明确，创意构思的表现形式要为产品的内容服务，用最形象、最易被视觉接受的表现形式宣传广告核心目标。常用的构思过程与方法有以下几种：

（1）想象：想象是构思的基点，想象以造型的知觉为中心，能产生明确的有意味的形象。我们所说的灵感，也就是知识与想象的积累与结晶，它对设计构思来说是开窍的源泉。

（2）舍弃：构思的过程往往“叠加容易，舍弃难”，构思时往往想得很多，堆砌得很多，对多余的细节不忍舍弃。现代中国装饰艺术的奠基者之一张光宇先生曾经说过的“多做减法，少做加法”就是真切的经验之谈。对不重要的、可有可无的形象与细节，坚决地舍弃。

（3）象征：象征性的手法是艺术表现最得力的语言，用具象形象来表达抽象的概念或意境，也可用抽象的形象来意喻表达具体的事物，在保持主题和生活认知与审美吻合的前提下都能为人们所接受。

（4）探索创新：通俗的形式、惯常的手法、俗套的语言要尽可能避开不用，熟悉的构思方法、常见的构图、习惯性的技巧都是创新构思表现的大敌。构思要新颖，就需要不落俗套、标新立异，不断探求和关注时尚与潮流的走向和发展趋势，要有孜孜不倦的探索精神。

【任务实施】

（1）打开 Illustrator，新建文档，命名为“海报”，纸张大小为 606mm×906mm，出血为 3mm，如图 2-1-36 所示。

（2）用“矩形工具”绘制与画板大小相等的矩形，填充渐变色，深浅两个蓝色的数值为（C50 Y10）和（C80 M40 Y10），如图 2-1-37 所示。

（3）用“矩形工具”创建一个 140mm×140mm 的正方形，再绘制一个 28mm×140mm 的矩形，并复制 3 个，放置到正方形中，摆放成“E”的形状，如图 2-1-38 所示。

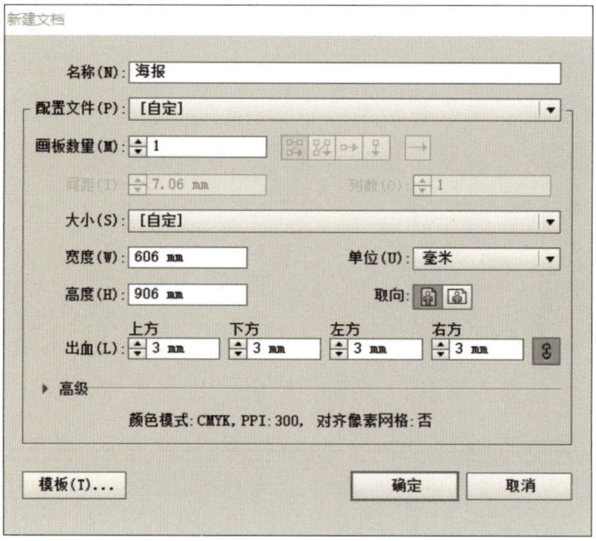

图 2-1-36 新建文档

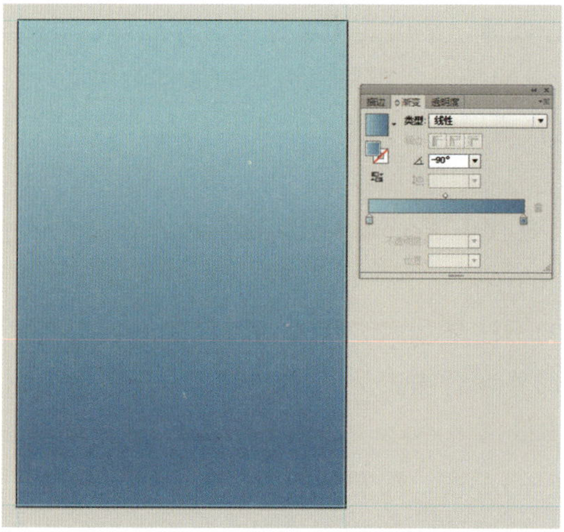

图 2-1-37 绘制矩形并填充颜色

图 2-1-38 绘制图形

（4）用“路径查找器”面板中的“联集”命令将“E”合并为整体，颜色填充为“黑色”，设置不透明度为20%，复制并等比例缩小，摆放为图2-1-39所示的版式。

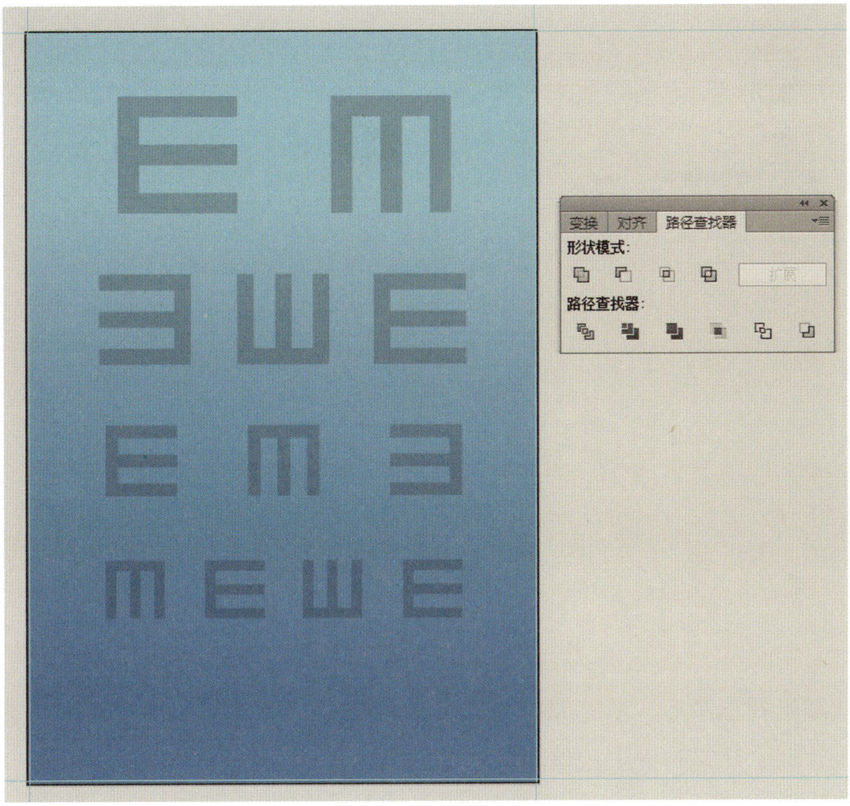

图2-1-39 “联集”命令

（5）打开“图层”面板，将“图层1”重命名为“背景”，新建图层并命名为“光晕”。将“背景”图层锁定，接下来在“光晕”图层进行制作，如图2-1-40所示。

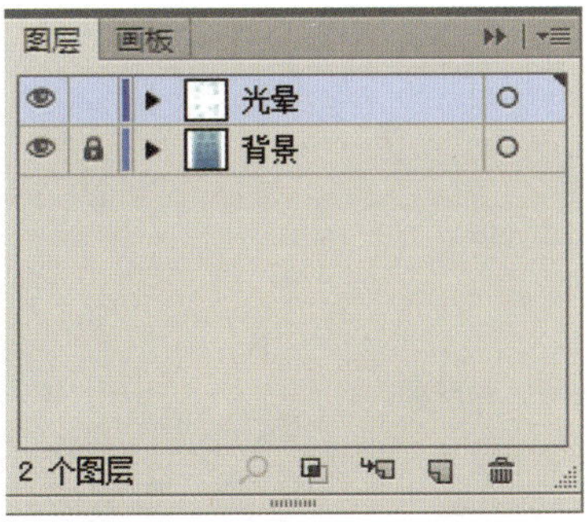

图2-1-40 “图层”面板

（6）绘制一个正圆形，填充颜色为“浅蓝色（C30）”，不透明度为80%，在菜单栏中选择“效果”→“模糊”→“高斯模糊”命令，半径为100，如图2-1-41所示。

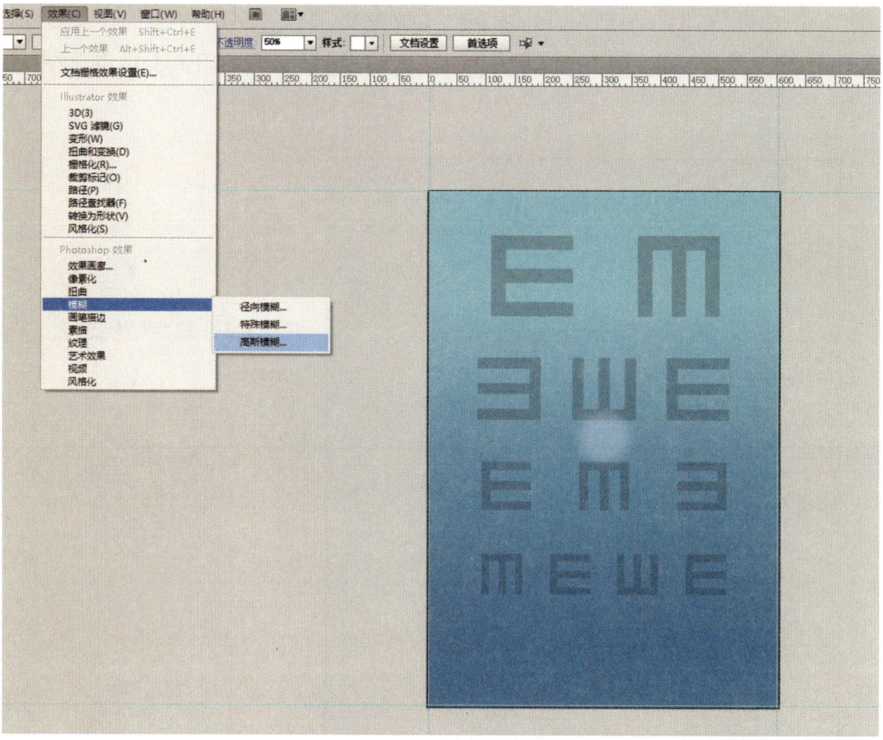

图 2-1-41 “高斯模糊”命令

（7）继续绘制正圆形，填充颜色为“浅蓝色（C40 Y10）”，调整不同的不透明度，等比例放大或者缩小并复制多个，摆放到适当位置，如图 2-1-42 所示。

图 2-1-42 复制多个正圆形

（8）锁定“光晕”图层，新建图层并命名为“眼睛”，在画板上绘制一个半径为100mm 的圆形，填充渐变，渐变类型设置为“径向”，颜色由白色过渡为灰色（K30），如图 2-1-43 所示。

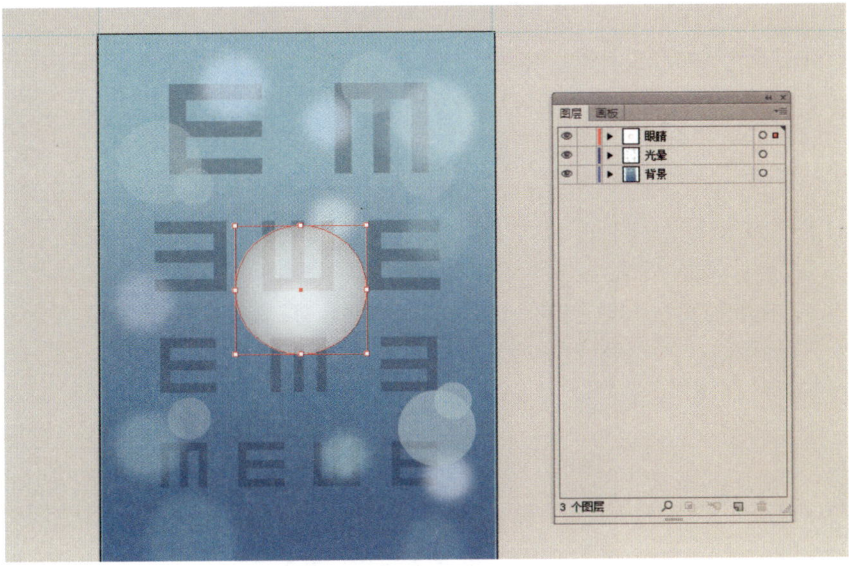

图 2-1-43　绘制圆形

（9）再绘制一个比其小的圆形，颜色填充为“深蓝色（C90 M60 Y20）”，继续绘制一个更小的圆形，颜色填充为“蓝色（C80 M40 Y20）”，绘制一个黑色圆形，并将这 4 个圆形中心对齐，继续绘制两个小圆，分别填充为“白色”和“浅蓝色”，放置到合适的位置，组成眼睛图案，如图 2-1-44 所示。

图 2-1-44　眼睛图案

（10）绘制一个直径为240mm的圆形，填充为无，描边为白色，描边粗细改为3pt并中心对齐到刚绘制的“眼球”中心。用“直线段工具”绘制一条15mm长的白色竖线，描边粗细改为5pt，对齐到圆形正上方，如图2-1-45所示。

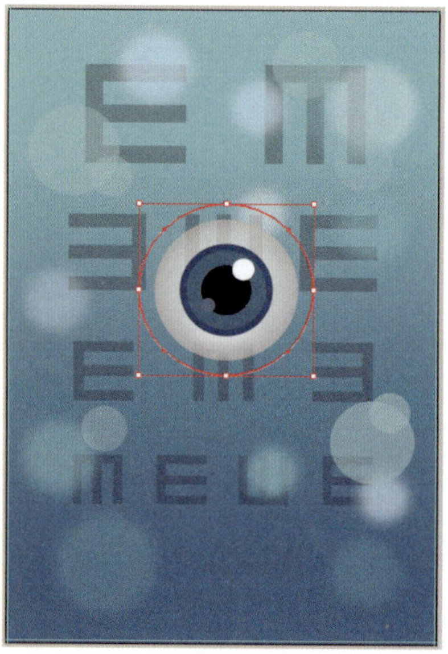

图2-1-45　绘制圆形和竖线

（11）选中线段，在菜单栏中选择“窗口”→“描边”命令，端点改为“圆头端点”。单击工具栏中的“旋转工具”，按住Alt键，用鼠标捕捉到“眼球”中心，单击定义圆中心点，随即出现设置角度的参数框，角度设置为4°，单击复制，接着多次按Ctrl+D组合键，直到该线段旋转一圈结束，形成围绕眼睛一周排列均匀的同心白色短线，如图2-1-46所示。

图2-1-46　眼睛效果

（12）按照此方法将线段长度设置为16mm和17mm，分别绘制大小不同的两圈同心线段，将第二圈线段的不透明度设置为30%，如图2-1-47所示。

图2-1-47　绘制同心线段

（13）再绘制两个稍微大点的白色圆形轮廓线，并和之前的图形中心对齐，最外一圈的不透明度设置为20%，如图2-1-48所示。

图2-1-48　绘制白色圆形轮廓线

（14）新建图层并命名为“文字”，将“眼睛”图层锁定。用“文字工具”输入英文VISION PROTECTION，颜色填充为“浅蓝色（C60）”，设置不透明度为30%，英文字体为 Consolas，调整大小并放置到合适的位置，如图 2-1-49 所示。

图 2-1-49　输入英文

（15）继续使用“文字工具”输入主要文案“医学验光 科学配镜”，字体设置为“时尚中黑简体”，调整文字大小并放置到合适的位置。将文字创建轮廓后填充渐变色，类型改为“线性”，调整角度为 -90°，色值由白色渐变为浅蓝色（C40、M10、Y10），如图 2-1-50 所示。

图 2-1-50　调整文字

（16）选中主文案，在菜单栏中选择“效果”→“风格化”→“投影”命令，模式改为

“正片叠底”，Y 位移为 6mm，如图 2-1-51 所示，得到的添加投影效果的主文案如图 2-1-52 所示。

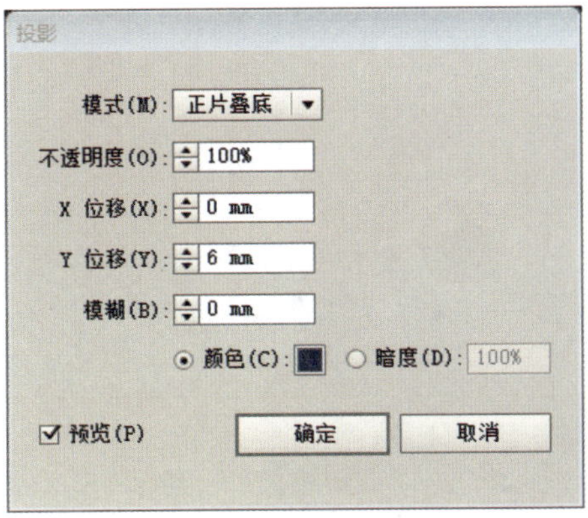

图 2-1-51　“投影”面板

图 2-1-52　添加了投影效果的主文案

（17）用“文字工具”输入其他文字内容，调整大小并放置到合适的位置，如图 2-1-53 所示。

图 2-1-53　输入其他文字

（18）解锁其他图层，检查出血位置和出血尺寸是否准确，校验文字是否有错别字、丢失情况，并将“眼睛”图层的所有内容选中，在菜单栏中选择“对象”→“路径”→“轮廓化描边”命令；将“文字”图层的所有内容选中，在菜单栏中选择“文字”→“创建轮廓”命令将文字转曲，如图 2-1-54 所示。

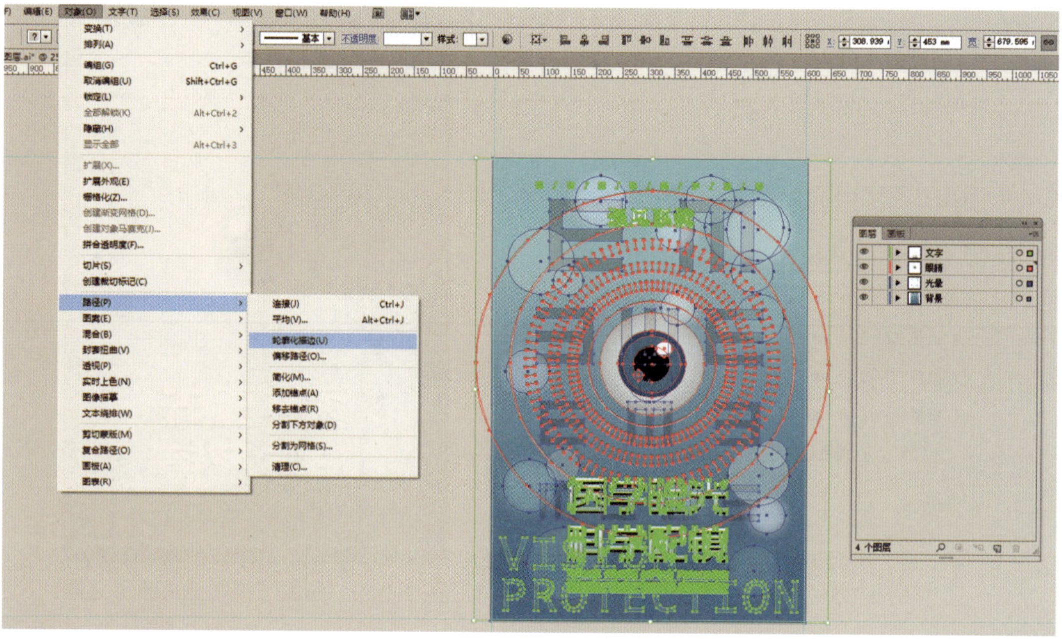

图 2-1-54 “创建轮廓”命令

（19）保存源文件“海报 .ai”，然后在菜单栏中选择“文件”→“导出”命令导出海报预览图“海报 .jpg”，如图 2-1-55 所示，至此本任务制作完成。

图 2-1-55 海报预览图

文字转曲（创建轮廓）

在设计印刷图的过程中会使用到各种各样的文字字体，这些字体与本机字体库相关联，在印刷图完成设计后，必须对印刷图中的文字执行“创建轮廓”命令，以使所有文字去掉其文本属性，转换为曲线图形，以便在另一台计算机（例如印刷厂的计算机）上打开时不会出现找不到字体而无法正常显示印刷图中文字字形的问题。对这个操作不同的软件称呼不同，例如在CorelDRAW中叫作“转换为曲线”，在Illustrator中叫作“创建轮廓”，在Photoshop中叫作“栅格化”，而在设计印刷行业内被统称为“转曲”。

【任务小结】

本任务是以Illustrator为主要平台设计矢量图商业海报，全部元素均使用矢量技术制作，与上一个任务相互配合，压实学生的基础技能，使其了解不同技术类型和软件平台的海报做法和技术点；画面清新，商业氛围浓厚，技术难易度适中，采用面向固定成品效果的仿真制作方式进行教学，使学生在了解项目背景和市场定位的前提下进行明确目标的针对性训练，为后面的拓展实战项目打下基础。

眼镜店海报主要制作步骤

【考核评价】

评分项目	评分标准	参考分值	备注	得分
基础页面尺寸	各部位尺寸准确、无误差，参考线位置准确	20		
主图制作	创意巧妙，紧贴主题，美观大方	20		
	元素齐全无缺失，矢量元素制作准确，图像分辨率满足印刷要求	20	四色印刷分辨率为300ppi 写真喷绘分辨率为96ppi	
印前工艺	出血值准确，文字层已栅格化	20	出血值2～3mm均可	
校稿	错别字及符号检查，中英文和数字字体检查	20		

任务3　海报设计拓展实战

【任务描述】

（1）任务主题：“乐魁”汉方合香系列产品宣传海报设计。

（2）任务背景：“乐魁”传承中国传统文化，采用独到配方开发的合香系列一经推出广受欢迎，形成了以“月德贵人”“清虚贤者”“喃胭夫人”为核心的系列手工合香产品。合香，顾名思义，从味道上来说并不是某种具体材质的气味，而是多重味道的有机组合，因此合香的香气是独一无二的。因其具有独特的调理身体功效自古便是与国医紧密相连的。“乐魁”汉方合香源自祖方而生，在享受那份独有气味的同时让身心得到调理。

“月德贵人”主要功效：净化消障。此香方为祭典时使用的熏香，具有驱除阴晦的功效。长期使用，室内常见的污秽杂气基本都可以净化清除，使您身心安悦。

“清虚贤者”主要功效：安神助眠。此香方对人体进入睡眠和提高睡眠质量有促进作用，采用独特传承有序的母方制作，能够很好地释放自身的精神压力，减轻焦虑、紧张的情绪，镇静安神。

“喃胭夫人”主要功效：理气解郁。此香方具有除痹破积、理气解郁、养阴清心的功效，扶自身之正气，通顺心之壁障。效法“儒释道”内外兼修的理念，采用互通贯联相辅相成的组合之法，能够很好地消除消极和沉重的心态，对交感神经有一定的安抚作用。

【任务要求】

参考样图中的产品照片和示意图，使用提供的电子素材，设计完成“乐魁”汉方合香系列产品宣传海报。要求突出手工、合香、香道文化等主题，与品牌及产品定位相吻合，凸显中国传统文化与元素，可围绕一款或三款产品进行展示制作，强化品牌宣传，进一步突出产品特性。

（1）制作尺寸：W80mm×H120mm。

（2）软件平台：Illustrator 和 Photoshop 均可。

（3）交付格式：电子源文件（.ai/.psd）+ 预览图（.jpg）。

（4）命名方式：电子文件命名为“班级 + 学号 + 姓名”。

（5）印前处理：出血 2 ～ 3mm，文字创建轮廓。

产品参考图如图 2-1-56 所示。

图 2-1-56　产品参考图

【任务小结】

实战任务既是对设计者把握画面整体构图、元素创作与选择、字体设计等综合技术的考查，更是对海报创意内容的检验，能有效地考查学生对前述内容的掌握情况，同时配以真实的任务要求，给出一定范围的自我发挥空间，加之版式、色彩、内容、结构等多元化的创意设计，让学生将所学技能与自我意识相结合，进而依照主题要求设计出成品。这也是学生从模仿升级到真题实做的一个有效的必经过程。

【考核评价】

评分项目	评分标准	参考分值	备注	得分
基础页面尺寸	各部位尺寸准确、无误差，参考线位置准确	20		
主图制作	创意巧妙，紧贴主题，美观大方	20		
	元素齐全无缺失，矢量元素制作准确，图像分辨率满足印刷要求	20	四色印刷分辨率为300ppi 写真喷绘分辨率为96ppi	
印前工艺	出血值准确，文字层已栅格化	20	出血值2～3mm均可	
校稿	错别字及符号检查，中英文和数字字体检查	20		

思考与练习

1．为所在学院构思一份公益类（如无烟校园、光盘行动等）主题创意海报。

2．举例分析你所喜爱的一款产品（食品、用品均可）的典型广告内容，并说一下该广告吸引你的地方。

3．谈一谈一款海报的输出应该在什么情况下选择四色印刷，什么情况下选择写真喷绘？

项目2　折页设计与制作

项目导读

通过对本项目的学习，学生可以理解宣传折页设计的基本概念，掌握常见商业折页的设计制作方法，明确折页设计与广告及产品宣传之间密不可分的关系。本项目共包含3个任务，按照主题、软件平台、适用范围的不同而展开，任务完成后学生可以熟练掌握折页设计的电子文件制作全过程，熟知印前工艺处理流程，在此基础上形成对折页设计的统一思路，对设计元素的视觉传达展示有较为全面深入的认识。

教学目标

- 了解折页图文元素的视觉传达设计方法与相关知识。
- 掌握使用计算机制图软件进行折页图文印刷稿设计制作的方法。
- 掌握折页制作过程中的关键技术与衍生知识。

任务1　手机说明书三折页设计制作

【任务描述】

（1）任务主题：MOTOROLA 品牌手机说明书折页仿真制作。

（2）任务背景：本任务的核心内容为 MOTOROLA（摩托罗拉）品牌手机附加品宣传折页设计。该折页形式为荷包折结构，考虑到手机包装盒的尺寸，因此该折页设计尺寸不合纸张开型。折页内容为手机附加的短信、游戏等信息台服务介绍。虽然该手机产品已经退市多年，但该折页的内容设计合理、分布丰富、信息量适中、图文并茂，其中有许多在设计角度值得借鉴和讲解的图形元素，版式设计和难易度均较适合面向初学者进行仿真教学训练使用。

【任务要求】

按照参考图进行三折页印刷图制作，具体要求如下：

（1）制作尺寸：W104mm×H140mm（单面折后成品净尺寸）。

（2）折页结构：荷包折，三折页。

（3）软件平台：Illustrator。

（4）交付格式：电子源文件（.ai）+ 预览图（.jpg）。

（5）命名方式：电子文件命名为“班级 + 学号 + 姓名”。

（6）印前处理：出血 3mm，文字创建轮廓。

（7）主要字体：黑体、中黑、Arial。

参考图如图 2-2-1 所示。

图 2-2-1　MOTOROLA 折页参考图

【知识链接】

宣传折页主要是指四色印刷机印刷的单张彩页，一般是为扩大影响力而制作的一种纸面宣传材料，具有针对性、独立性和整体性，是商业活动中广泛应用的一种宣传品形式，更是一种以传媒为基础的纸质宣传流动广告。折页的形式有二折、三折、四折、五折、六折等。总页数不多、不方便装订的宣传品就可以做成折页，为提高设计美化效果或便于内容分类也可以做成小折页，如 16 开的三折页。为适应环保要求，现在很多简易说明书都采用折页形式，不用骑马钉，如各类电子产品的简易说明书等。常用纸张为

128 ～ 210g 的铜版纸或哑粉纸（过厚的纸张不适宜折页），通常封面覆膜，如果为了提高产品档次则可以进行双面覆膜。

从针对性方面讲，宣传折页是以一个完整的宣传形式，面向特定活动、商品、销售季节或流行期，针对展销会、洽谈会、潜在消费群体进行邮寄、分发、赠送，以扩大企业、商品的知名度，推销产品和加强购买者对商品的了解程度，使用尽可能低的成本起到了强化主体广告的效用。

相对于其他广告宣传载体，宣传折页自成一体，无须借助其他媒体，不受传统媒体的宣传环境、公众特点、信息安排、版面、印刷、纸张等限制，因此又被称为“非媒介性广告”。宣传折页的纸张、开本、印刷、邮寄和赠送对象等都具有独立性。正因为宣传折页具有针对性强且独立的特点，要充分让它为商品广告宣传服务，应当从构思到形象表现、从开本到印刷、纸张都提出了较高的要求，让消费者第一眼看到即能够被吸引而有阅读的欲望和兴趣。精美的宣传折页，同样会被长期保存，起到长久的作用。

1. 纸张

宣传折页根据形式和用途的不同选择不一样的纸张，一般用铜版纸、白卡纸、玻璃卡纸等。

2. 开本

宣传折页的开本有 32 开、24 开、16 开、8 开等，还可采用长条开本或经折叠后形成新的形式。开本大的用于张贴，开本小的利于邮寄和携带。

3. 折叠方法

折叠方法多种多样，常见的有以下 4 种 ：

（1）荷包折。荷包折也叫包心折，页面比较多的情况下也称为滚折，是最简单的由外向内的折叠法，也是通常所说的三折页。折页时按页码排列顺序，折好第一折后的纸边夹在中间折缝内，再折第二或第三折后成为一帖，如图 2-2-2 所示。

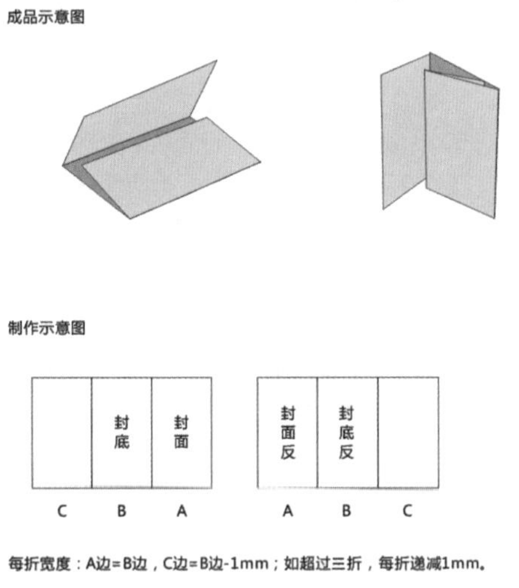

图 2-2-2　荷包折示意图

（2）风琴折。风琴折是类似扇子一样的折法，通常在六折以内比较符合成本。该种折法应用广泛，人们可以很容易地认出它，因为它的形状像“之”字形。多种折法使风琴折成为最佳的选择。但是，如果是采用机械自动将该类小册子装入信封，显然会遇到问题。在印刷机和折页机允许的情况下，风琴折的折页数不限，如图 2-2-3 所示。

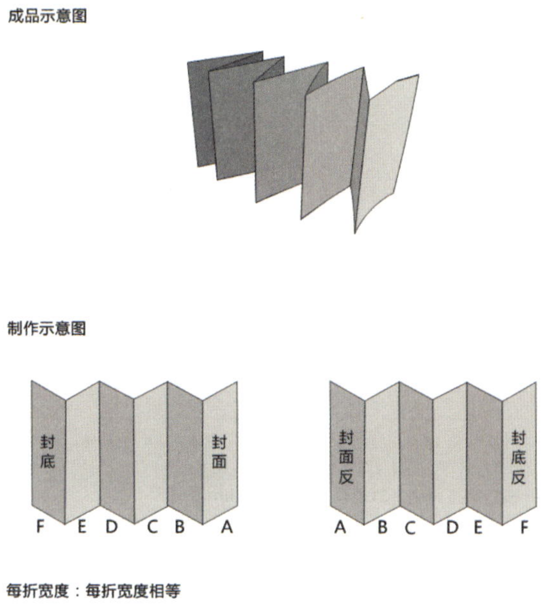

图 2-2-3　风琴折示意图

（3）对折。对折是最简单的折法，也就是常见的两折页，折页上只有一条居中的折线，如图 2-2-4 所示。

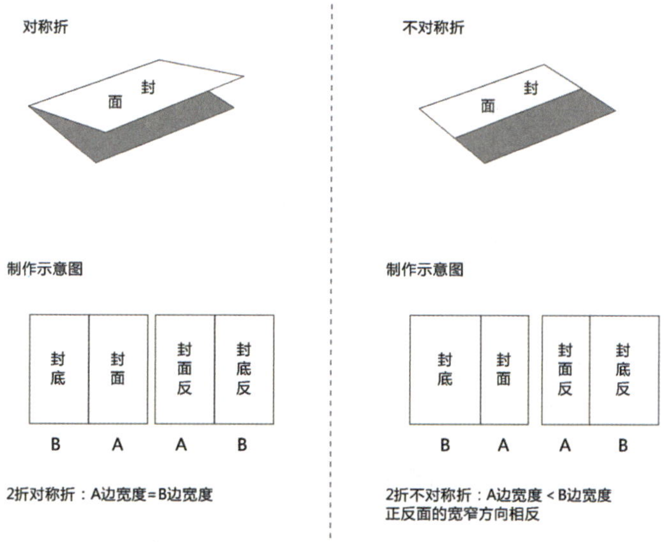

图 2-2-4　对折示意图

（4）关门折。将折页沿着四分之一的对折线由左右向内折叠，正好像两扇门，如图 2-2-5 所示。

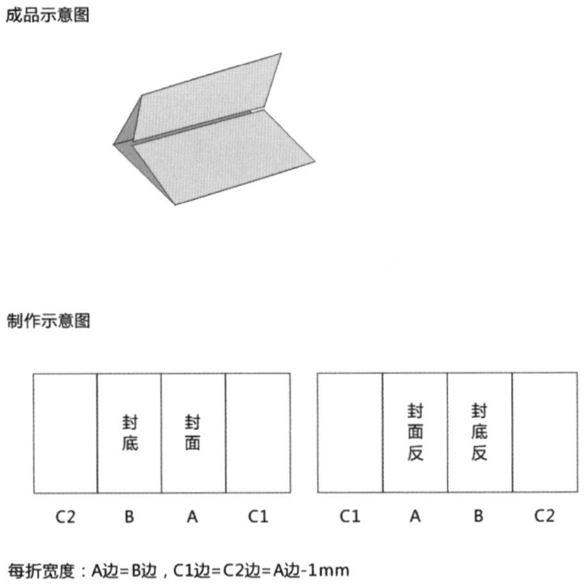

图 2-2-5　关门折示意图

【任务实施】

（1）启动 Illustrator，新建文件（因输出途径为四色印刷，非打印，可不考虑画板尺寸），下一步将在画板旁边的灰色工作区进行制作，如图 2-2-6 所示。

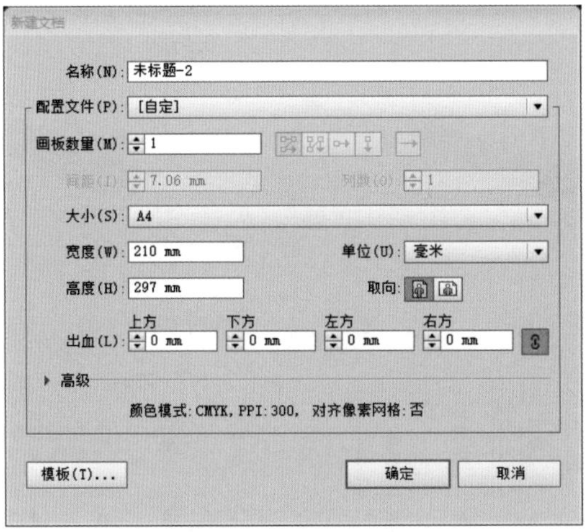

图 2-2-6　新建文件

（2）制作底板：使用“矩形工具”，单击工作区，输入单面净尺寸（104mm×140mm），得到单面矩形，如图 2-2-7 所示。

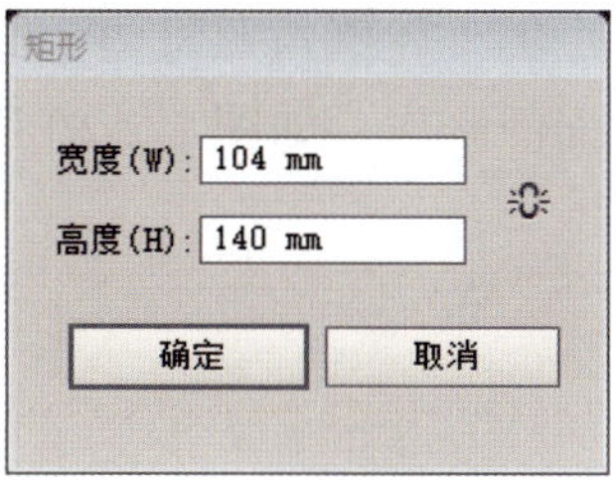

图 2-2-7　“矩形”面板

（3）顺序复制该矩形形成三联矩形，每个矩形间要无缝贴合。先来制作折页的封面、封底、封一这三个面，如图 2-2-8 所示。因为该折页折叠方式为关门折，将最左边一面的宽度减少 1mm，变为 103mm，如图 2-2-9 所示。

图 2-2-8　复制矩形形成三联矩形

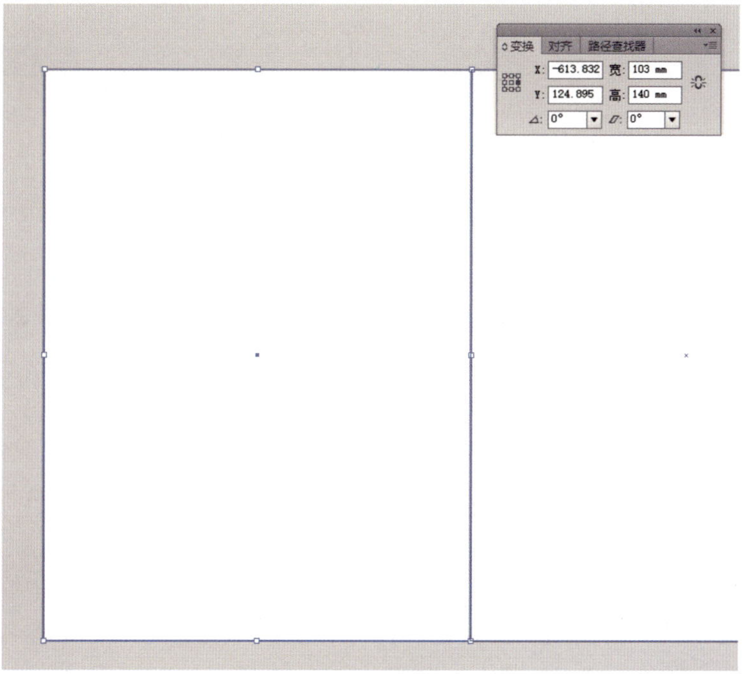

图 2-2-9　调整矩形

（4）根据印刷行业规则，折页的外轮廓按照每边 3mm 的要求制作出血，使用复制粘贴及修改尺寸的方式完成出血版面的制作，如图 2-2-10 所示。

图 2-2-10　出血版面

（5）在净尺寸版式的轮廓线位置标注参考线，同时水平平移复制出折页的内页三个面并旋转 180°，标注参考线后将净尺寸的矩形全部删除，保留带有出血尺寸的矩形，如图 2-2-11 所示。

图 2-2-11　标注参考线

（6）至此折页基础底板制作完成，标准出血尺寸，具体如下（如图 2-2-12 所示）：

- 封面、内页 1：107mm×146mm。
- 封底、内页 2：104mm×146mm。
- 封一、内页 3：106mm×146mm。

（7）为底板添加底色并去掉黑色轮廓色，底色为浅蓝色和浅绿色两种，参考数值为浅蓝色（C45）、浅绿色（C20 Y50），如图 2-2-13 所示。

（8）在“图层”面板中建立图层二，同时锁定图层一，在图层二中绘制折页相关的辅助图形与图案。其中需要用到深蓝色和深绿色的装饰色带与气泡，参考数值为深蓝色（C65）、深绿色（C40 Y80），如图 2-2-14 和图 2-2-15 所示。

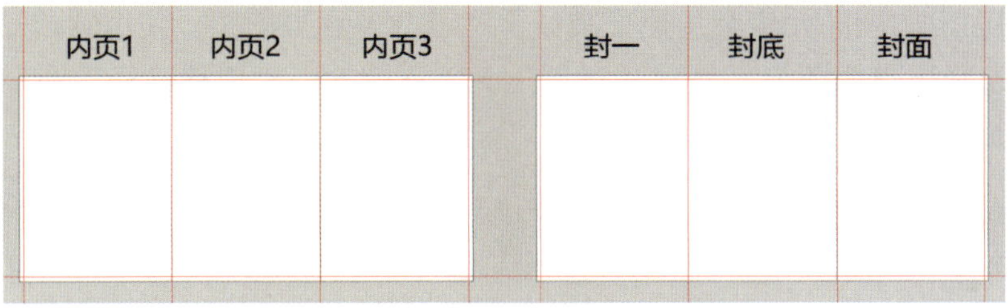

图 2-2-12　基础底板

图 2-2-13　设置底板颜色

图 2-2-14　辅助图形 1

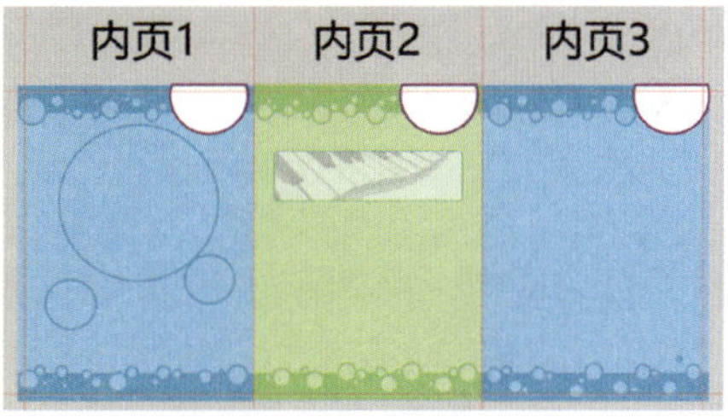

图 2-2-15　辅助图形 2

（9）封面上的辅助元素圆形图案可以使用“圆形工具”进行绘制，添加描边色和透明度数值，多层复制并调整大小。需要注意是否要对圆形描边进行“轮廓化描边”处理，对比如图 2-2-16 所示。通过观察可以发现，使用描边色还是填充色来描绘图案的根本区别为，缩放时，使用描边方式绘制的圆形边线粗细不会随之变化（可通过描边数值控制边线粗细），使用“轮廓化描边”命令创建的圆形边线为双层路径构成的填充色，因此边线粗细可以随着圆形的缩放而缩放。

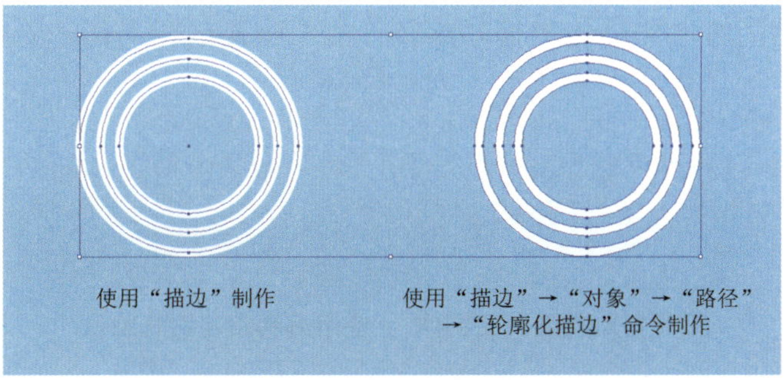

图 2-2-16　使用“描边”和“轮廓化描边”制作的对比

（10）封面上的辅助元素圆角矩形类似于跑道的多环型图案，使用圆角矩形最大半径进行绘制，绘制出单个图形后执行“对象”→“路径”→“偏移路径”命令制作出多层跑道图形，如图 2-2-17 所示。

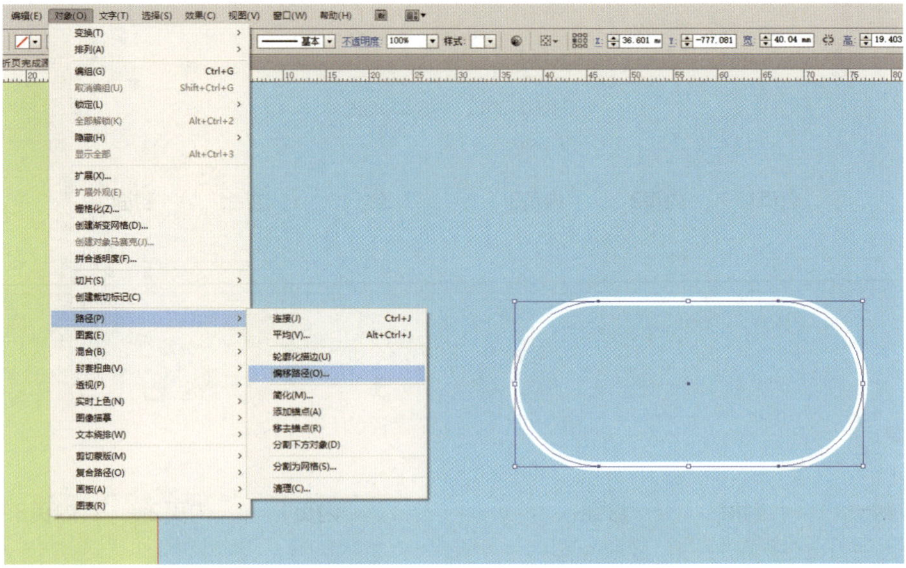

图 2-2-17　制作多层跑道图形的菜单操作

需要注意的是，该图案不可使用复制粘贴的方法制作，否则会导致跑道间距的不平均。使用“偏移路径”命令可以使制作出的多层跑道图形间距完全相同，整体协调均衡，“偏移路径”面板参考数值如图 2-2-18 所示。

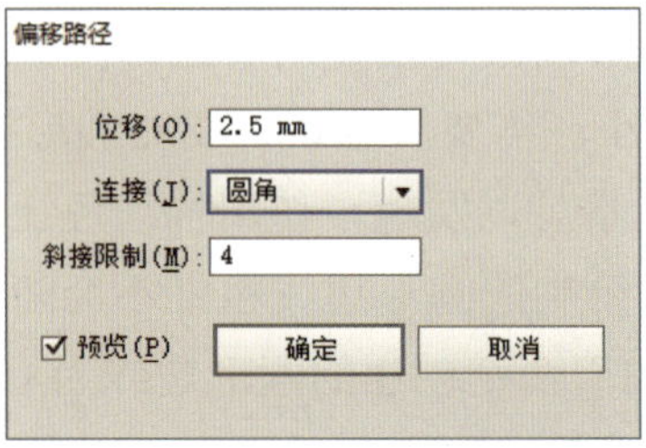

图 2-2-18　“偏移路径”面板参数设置

使用复制粘贴的方法和使用“偏移路径”命令制作的跑道图形对比效果如图 2-2-19 所示。

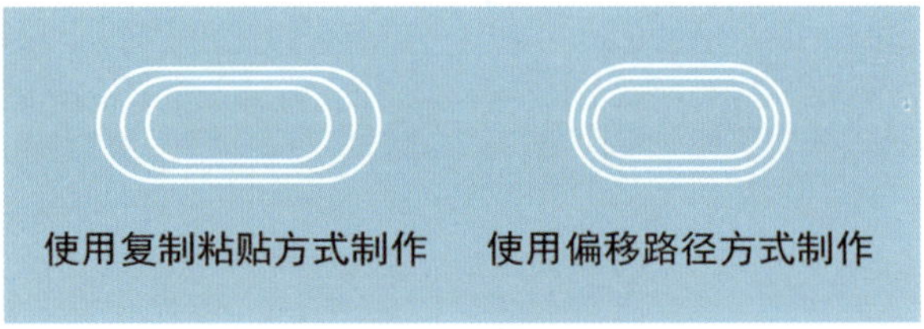

图 2-2-19　效果对比

（11）按目标图完成所有圆圈及跑道辅助装饰图形，添加适当的透明度（透明度数值范围为 10% ～ 40%，自定义），如图 2-2-20 所示。

图 2-2-20　添加辅助装饰图形

（12）启动 Photoshop，打开手机产品素材图，用“魔术棒”工具去掉背景，添加 8px 白色描边，另存为透明背景的 .psd 文件，如图 2-2-21 所示。

图 2-2-21　处理素材

（13）回到 Illustrator 中，新建图层三，打开 logo.ai 素材，将 Logo 文件复制到该层上并调整大小放在封面相应位置。将已处理好的手机图片 .psd 文件拖拽到文档中，嵌入并调整大小，同时在右下角添加型号文字，中文字体为“黑体”，英文及数字字体为 Arial，如图 2-2-22 所示。

（14）为封底页绘制标题图标，该图标由圆角矩形、圆形、渐变填充圆形、文字及笔记本图形素材组成。其中浅黄色数值为 Y24，橙色描边及渐变色数值为 M50 Y100，笔记本图形为素材文件“矢量图标素材 .ai”，如图 2-2-23 所示。

图 2-2-22　新建图层三

图 2-2-23　绘制标题图标

（15）为封底添加 Logo 和相关文字，参照样图进行文字排版，字体为“黑体”，字号为 6pt。注意版权标记“©”可以通过中文输入法输入“版权”得到。可循环环保标志为素材“矢量图标——认证标志 .ai”，如图 2-2-24 和图 2-2-25 所示。

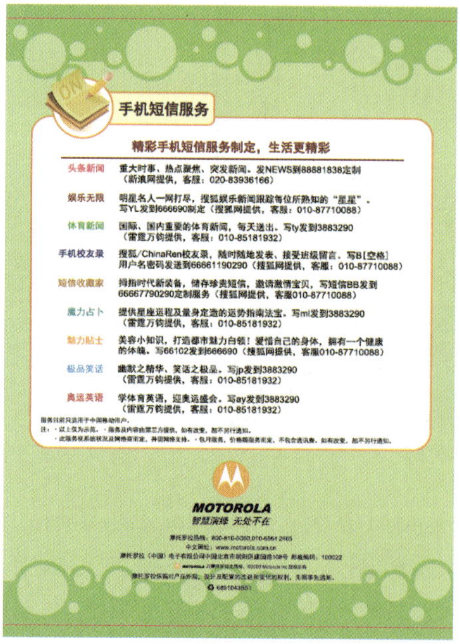

图 2-2-24　文字排版 1

图 2-2-25　文字排版 2

【知识拓展】

衬线字与非衬线字

在我们常见的字体字形中，存在两大类常用的字形，一类为衬线字（英文为 Serif），另一类为无衬线字（英文为 Sans-serif）。这两种字形在外形上有着截然不同的笔画效果，如图 2-2-26 所示。

图 2-2-26

通过比对我们可以看出，无衬线字的笔画基本等宽等高，笔画末端平直整齐，力量感较强。而衬线字的横笔画较之竖笔画要细，笔画末端有明显的衬线笔锋突起，装饰效果较强。在相同字号的前提下，无衬线字比衬线字的张力要强，也就是看起来显得大一些。两种字形分别适用于不同的设计效果和主题，大家在今后的设计中要留意区别选用。

- 常见的中文衬线字体为宋体及其加粗体（如中宋、大宋、老宋等）。
- 常见的英文衬线字体为 Bell MT、Bodoni、Century Schoolbook 等。
- 常见的中文无衬线字体为黑体及其加粗体（如中黑、大黑等）、幼圆体等。
- 常见的英文无衬线字体为 Arial、Century Gothic、Impact 等。

（16）为封一添加标题图标，方法如前，参考色值为浅粉色（M20）、深粉色（M90 Y20），如图 2-2-27 所示。

图 2-2-27　为封一添加标题图标

（17）为封一添加素材图片并绘制矢量蒙版，使其变为圆角矩形的图片并添加紫色描边，如图 2-2-28 所示。

图 2-2-28　添加素材并绘制矢量蒙版

（18）参照样图完成封一其他内容的制作及文字的添加与编辑，参考字号为 6pt，字体为“黑体”，如图 2-2-29 所示。

图 2-2-29　其他内容的制作

（19）参考样图，使用圆角矩形工具、矩形工具、节点选择工具等绘制内页中所用到的手机按钮图标，也可直接使用素材中的相应文件，如图 2-2-30 所示。

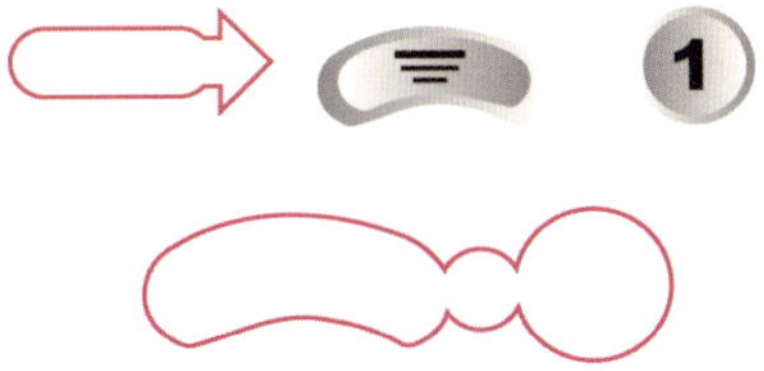

图 2-2-30　绘制手机按钮图标

（20）为内页 1 添加标题图标，方法如前，参考色值为浅褐色（M5 Y5）、深褐色（C30 M50 Y80），如图 2-2-31 所示。

图 2-2-31　为内页 1 添加标题图标

（21）为内页 1 添加素材图片“手机壁纸 .jpg”，使用“对齐”面板进行水平居中、水平分布对齐操作，如图 2-2-32 所示。

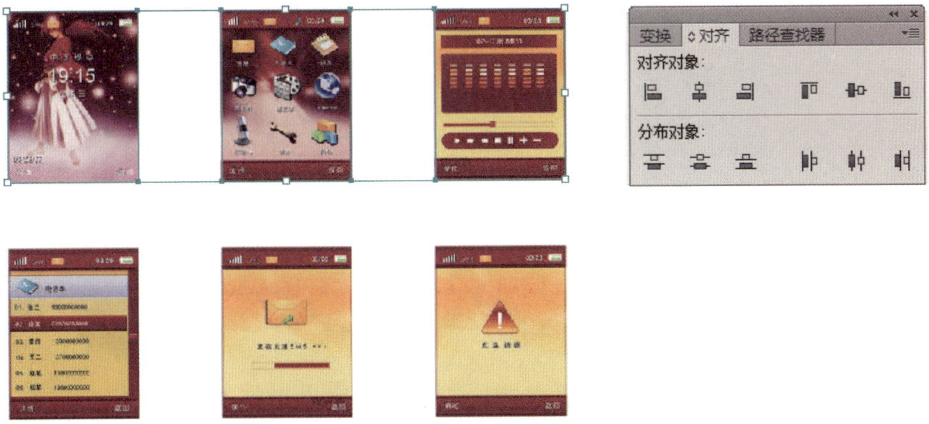

图 2-2-32　添加素材图片并对齐

（22）参考样图完成内页 1 其他内容的制作及文字的添加与编辑，参考字体为“黑体”，字号为 4pt，如图 2-2-33 所示。

图 2-2-33　其他内容的制作

（23）为内页 2 添加两套标题图标，方法如前，参考色值为浅绿色（C10 Y20）、深绿色（C75 Y100）、浅蓝色（C15）、深蓝色（C80），如图 2-2-34 所示。

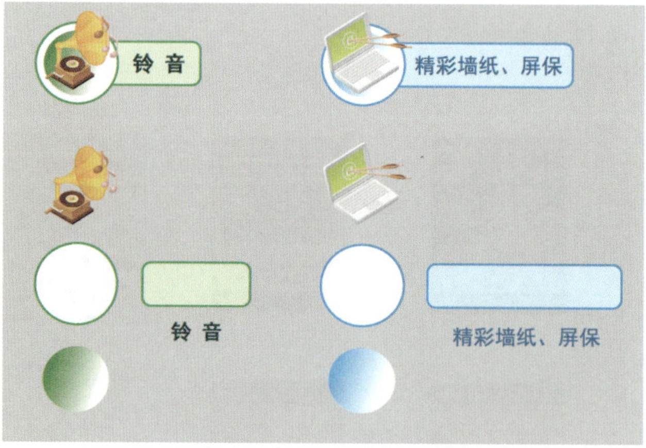

图 2-2-34　添加标题图标

（24）打开 Photoshop，新建任意文档，选择“自定义形状工具”，在“形状”面板中找到音符图标，使用路径的方式绘制到画布中，并使用“路径选择工具”将其拖拽或复制粘贴到 Illustrator 的内页 2 相关位置上，进行颜色填充，如图 2-2-35 至图 2-2-37 所示。

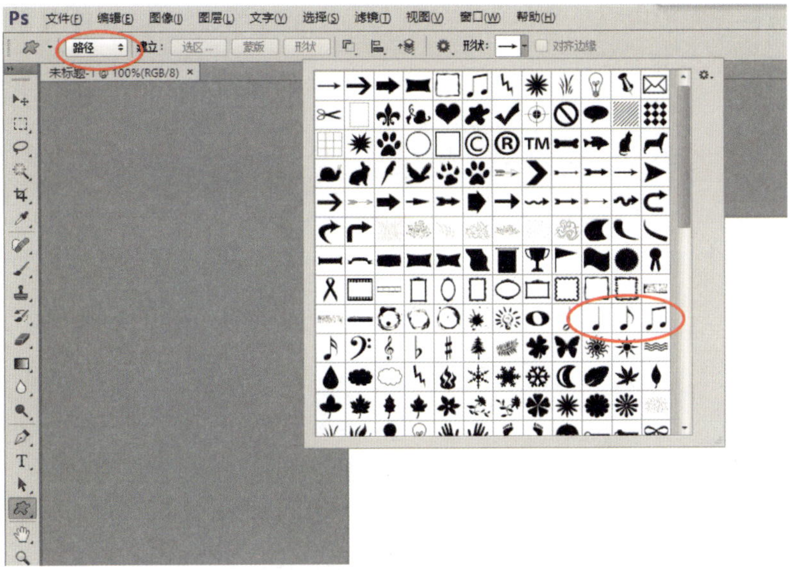

图 2-2-35　“形状”面板

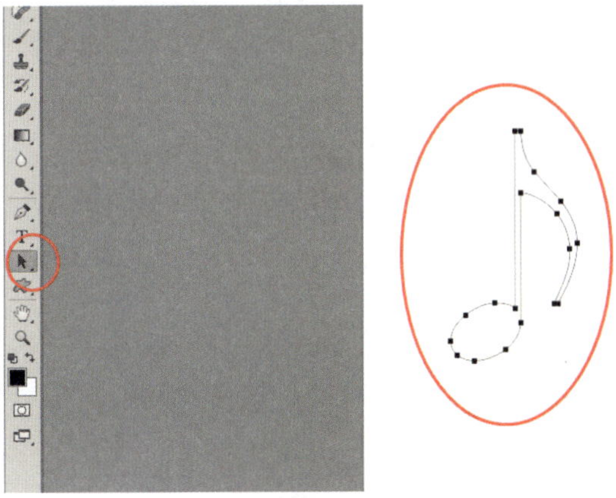

图 2-2-36　音符图标

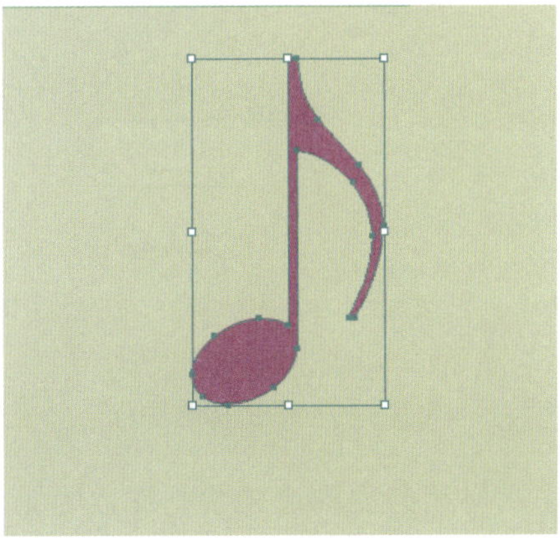

图 2-2-37　颜色填充

（25）参考样图完成内页 2 其他内容的制作及文字的添加与编辑，参考字体为“黑体”，字号为 6pt，如图 2-2-38 所示。

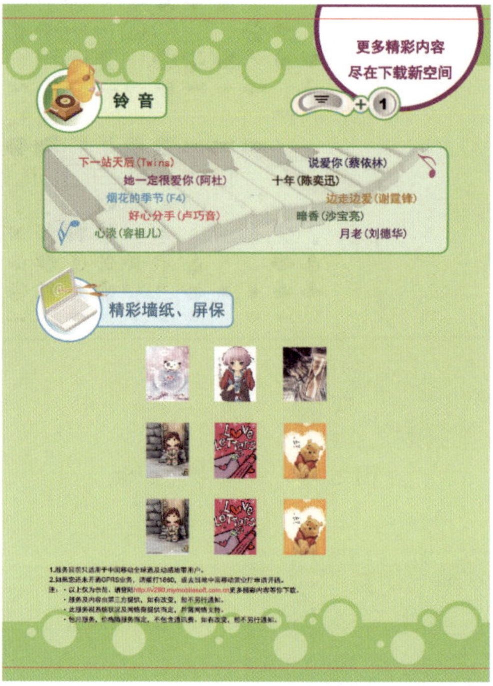

图 2-2-38　其他内容的制作

（26）为内页 3 添加标题图标，方法如前，参考色值为浅蓝色（C10）、深蓝色（C100 M50），如图 2-2-39 所示。

图 2-2-39　添加标题图标

（27）为内页 3 添加图片素材和白色描边并绘制深蓝色矩形作为投影效果放于图片素材底部，如图 2-2-40 所示。

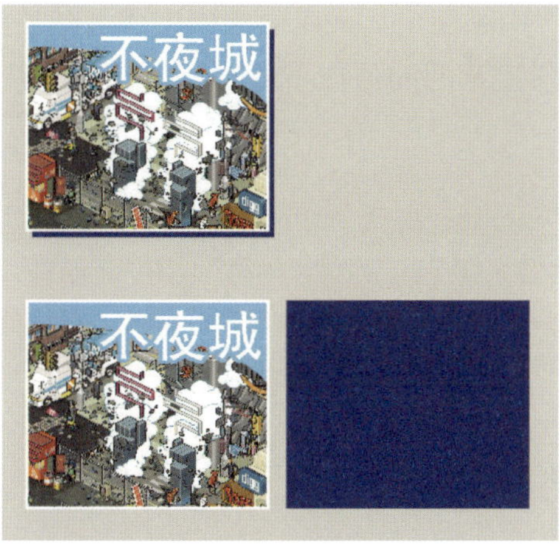

图 2-2-40　添加图片素材

（28）参考样图完成内页 3 其他内容的制作及文字的添加与编辑，参考字体为“黑体”，字号为 6pt，如图 2-2-41 所示。

图 2-2-41　其他内容的制作

至此全部内容制作完成。最后需要检查所有链接图片是否已经嵌入，没有嵌入的必须嵌入或者保持原始素材与主设计文档的相对位置不变，另外需要将所有文字进行转曲（全选所有文字，执行“文字”→“创建轮廓”命令）。

手机说明书三折页主要制作步骤

【任务小结】

本任务中制作的折页是典型的三折页结构，其栏目划分清晰，技术难度适中，色彩明亮，构图稳定，采用面向固定成品效果的仿真制作方式进行教学，使学生在了解企业背景和项目渊源的前提下进行目标明确的针对性训练，从而保证下一项教学活动的顺利开展。

【考核评价】

评分项目	评分标准	参考分值	备注	得分
基础页面尺寸	各部位尺寸准确、无误差，参考线位置准确	20		
印刷图	色彩模式正确，数值准确无误	20	CMYK 模式	
	元素齐全无缺失，链接图像已嵌入文档或随文档同步保存，文字已转曲	20		
印前工艺	出血值准确，各面底板之间已去掉边框色（如不去除边框色，中间折叠部分会印出边框线，造成印刷错误）	20	出血值 2 ～ 3mm	
校稿	错别字及符号检查，中英文和数字字体检查	20		

任务 2　茶文化宣传折页设计制作

【任务描述】

（1）任务主题："般净" 品牌茗茶茶文化宣传折页仿真制作。

（2）任务背景：本任务的核心内容为"般净"品牌系列茶文化宣传折页设计，该折页形式为荷包折结构，不放入茶叶包装内，因此无须考虑包装盒尺寸。该折页设计尺寸符合纸张开型。折页内容为茗茶系列茶文化介绍，较全面地介绍了"般净"品牌茗茶的品种及其功效，折页的版式划分清晰明了，内容简洁大方，信息量适中，图文并茂，从图片元素到文字及混排方面均具有较高的统一性，中式风格较浓厚。与上一个折页任务不同的是，本任务是以 Photoshop 为软件平台进行制作，版式设计和难易度均较适合面向初学者进行仿真教学训练使用。

【任务要求】

按照参考图进行三折页印刷图制作，具体要求如下：

（1）制作尺寸：W97mm×H200mm（单面折后成品净尺寸）。

（2）折页结构：荷包折，三折页。

（3）软件平台：Photoshop。

（4）交付格式：电子源文件（.psd）+ 预览图（.jpg）。

（5）命名方式：电子文件命名为"班级 + 学号 + 姓名"。

（6）印前处理：出血 2mm，文字创建轮廓。

（7）主要字体：楷体、隶书、李旭科书法体。

参考图如图 2-2-42 所示。

图 2-2-42　“般净”茗茶折页参考图

【知识链接】

由于折页特殊的版式折叠方式，往往需要在设计制作前期进行初步构思与版式设计，这就需要用到设计草图。设计草图不是用绘图仪器或绘图软件绘制的，而是将对目标的观察和构思流程徒手画出图样的绘图方法，这种绘图方法主要用于初始创意、设计方案讨论或现场交流。设计草图不仅在折页设计中经常用到，在数字艺术及一切和制图有关的工作领域均普遍使用，如图 2-2-43 所示。

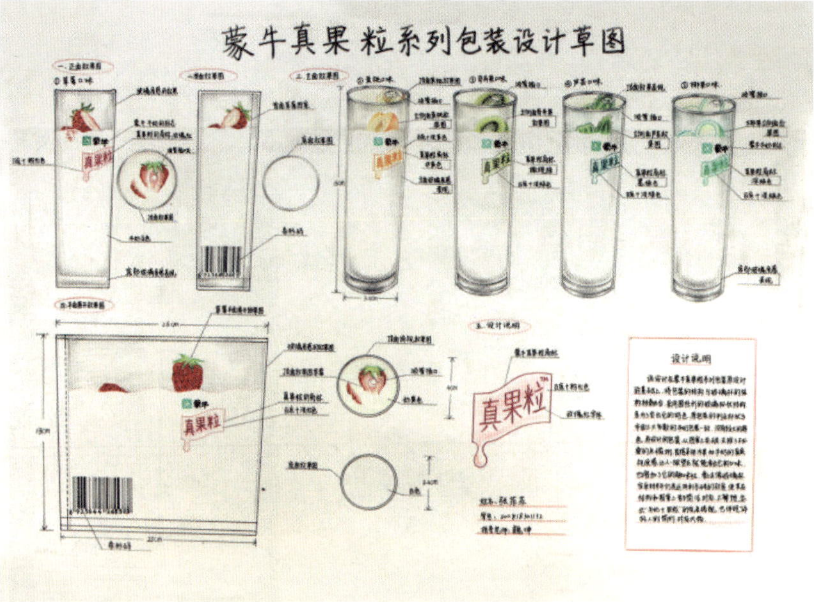

图 2-2-43　蒙牛真果粒系列包装设计草图

它可以直观、迅速地表达设计意图和创意思想，并且方便修改和完善。有了好的构思，用草图把它表达出来，徒手绘画通常用铅笔、水笔、马克笔等，不用尺、三角板等其他绘图工具，练习好这种技能就可以尽快把自己的构思画出来，是一种很有实用价值的技能，如图 2-2-44 所示。在将大量的时间和精力投入某个方案之前，先画出草图呈现给客户，构想出基本概念，考虑元素和布局，得到方向上的认可后再进行下一步的设计推进。

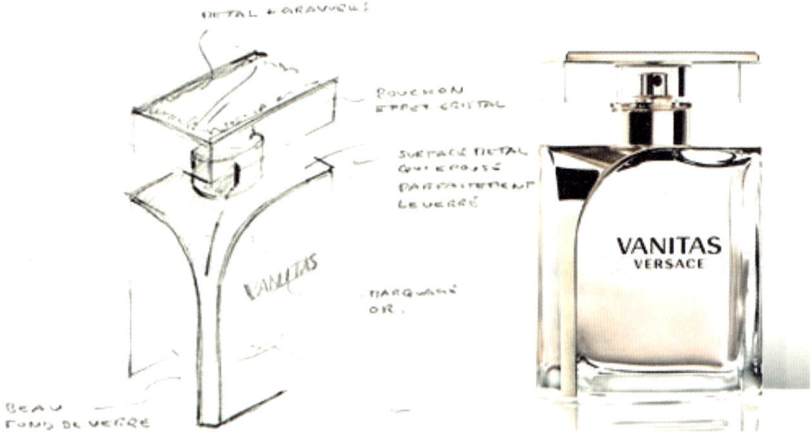

图 2-2-44　范思哲 VANITAS 系列香水包装设计草图与成品图

1. 设计草图的基本画法

设计草图绘画练习的基本方法有直线画法、圆形与曲线画法、立体图画法 3 种。

（1）直线画法。

要领：铅笔削成锥形，笔尖留出约 10mm 长度。先打点，然后手腕靠着纸面沿图线方向移动，眼睛要注意终点方向一笔画成。画短线，用手腕运笔；画长线以手臂动作带动手腕运笔。

直线分为水平线、竖线、斜线，必须逐个练习，从练习中掌握画线的技能和技巧。例如，画水平线时，可将纸微微左倾，自左向右画线，如图 2-2-45（a）所示；画竖线时，自上向下运笔画线，如图 2-2-45（b）所示；画斜线时，可转动纸张使所画的斜线正好处于顺手方向，如图 2-2-45（c）所示；练到一定程度后再进行画各种角度和方向的练习。

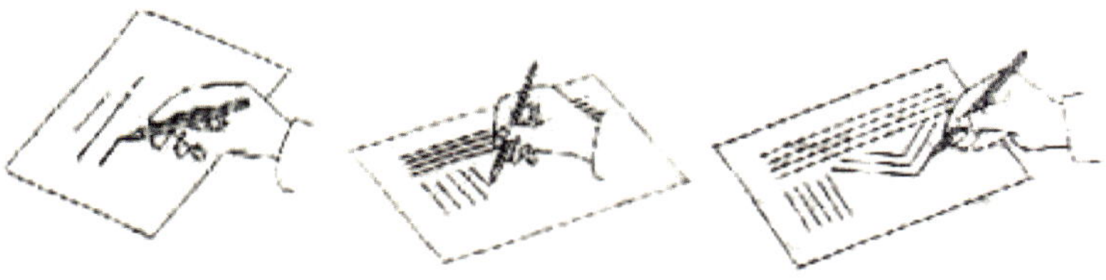

（a）画水平线　　（b）画竖线　　（c）画斜线

图 2-2-45　草图练习：直线画法

（2）圆形与曲线画法。

要领：画圆时，用 4 点定位法和 8 点定位法。先确定圆心位置，在圆心处画出 2 条中心线。画小圆时，可在中心线上按半径目测定出 4 点，然后徒手连点，如图 2-2-46（a）所示；画大圆或圆弧时，以中心线为准，在圆心增画 2 条 45 度的斜线，在斜线上再定 4 个等半径点，然后过 8 点画圆，如图 2-2-46（b）所示。

（a）画小圆　　（b）画大圆

图 2-2-46　草图练习：圆形与曲线画法

（3）立体图画法。

要领：任何立方体都有长、宽、高，首先画出三个可见面，构成立方体，因为立方体相对的面及边是平行且相等的，所以根据此规律就可画出立方体，如图 2-2-47 所示。

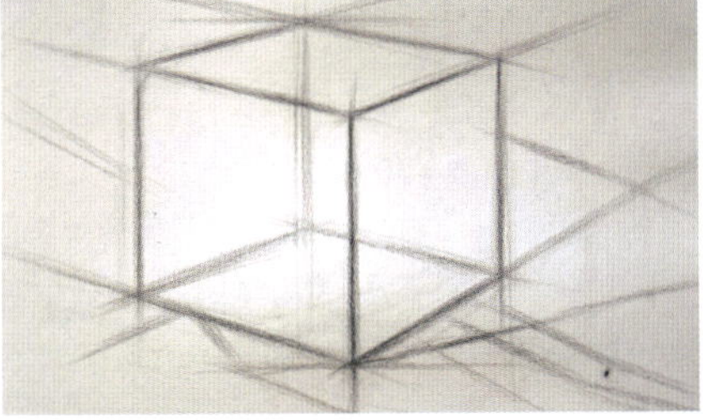

图 2-2-47　草图练习：立体图画法

2. 设计草图的用途

（1）通过画草图快速生成创意概念。根据设计构思边想边画，得到多种备选方案，这是设计中非常重要的一步。在用计算机制作之前，在纸上画一画能够节省很多时间，如图 2-2-48 所示，设计师 Karley Barrett 展示了在 BioTrekker 品牌的 Logo 设计过程中草图的大量使用。她构思了 60 多种备选方案，然后从中进行进一步的筛选。Barrett 构思图像、排版和布局的过程是非常有趣的。她将多种想法画出来，然后寻找最佳的方案。因为 Logo 的草图是非常小的，所以工作进展很快，可以在较短的时间内画出各种想法。

图 2-2-48　BioTrekker 品牌 Logo 设计草图

（2）设置基本元素或布局。画草图可以迅速地构建插图的基本元素。在折页设计和海报设计中，通过画草图可以快速地进行版式布局。设计者可以将想法简略地勾画出来，再用 Photoshop、Illustrator 等软件将其实现，如图 2-2-49 和图 2-2-50 所示，通过左边草图与右边设计图的对比可以看出左边草图已经基本体现出布局。

图 2-2-49　海报草图与设计图对比

图 2-2-50　网站首页草图与设计图对比

（3）用于与客户交流。向客户显示设计草图会节约设计师大量的时间。项目越复杂，就要越早向客户确认，得到客户的认可。把草图拿给客户看是设计过程中通常的做法，在大型设计项目或其他项目中这种做法是非常普遍的，图 2-2-51 所示就是与客户进行沟通的草图。通常这张草图被送到客户手中进行确认或取得修改建议。一旦草图方案敲定，设计就移交至下一个流程——线条着墨和人物上色。

图 2-2-51　卡通形象手绘草图方案

（4）用于精练视觉方案。设计过程的最后阶段离不开精练。一个作品的整体概念和方向也许是完美的，但其中某个元素却并不完美。通常这种情形下会由新一轮的草图绘画来修正和完善，如图 2-2-52 所示，再进一步使用计算机绘图软件来修缮。

图 2-2-52　草图方案深化稿

【任务实施】

（1）打开 Photoshop，新建文档，命名为“三折页”，设置画布大小为 294mm×204mm，其中包含出血每边 2mm，如图 2-2-53 所示。

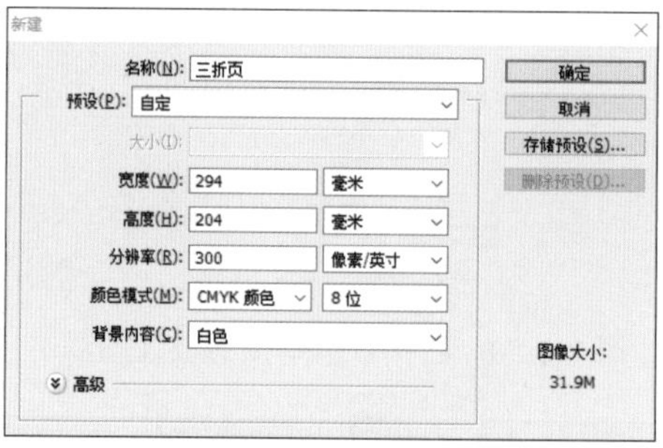

图 2-2-53　新建文档

（2）用参考线将出血分割出来，并将净尺寸画面平均分成三部分，如图 2-2-54 所示。

图 2-2-54　出血并平分画面

（3）新建图层，用“矩形选框工具”框选画面中最右侧的部分并填充颜色为（C80 M40 Y60 K20），如图 2-2-55 所示。

图 2-2-55　填充颜色

（4）用“多边形工具”绘制一个正三角形，用“椭圆工具”绘制一个正圆，如图 2-2-56 所示。

图 2-2-56　绘制正三角形与正圆

（5）调整大小，将两个图形摆放成一个水滴形状并合并两个图层，添加图层样式“外发光”，颜色为“白色”，不透明度调整为 50%，图素大小为“10 像素”，如图 2-2-57 所示。

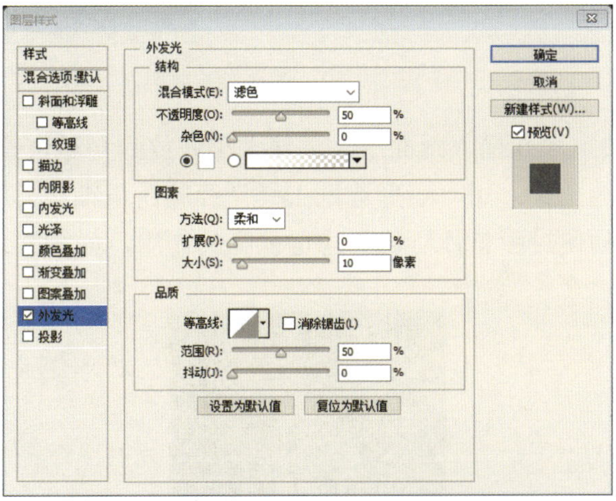

图 2-2-57　“图层样式”对话框参数设置

（6）摆放到合适的位置并调整好大小与边缘距离，如图 2-2-58 所示。

图 2-2-58　调整元素

（7）将素材中的茶叶图片拖入并放到“多边形”图层上方，调整图片大小，将鼠标移动到两个图层中间，按 Alt 键将图片嵌入“水滴”图形中，如图 2-2-59 所示。

图 2-2-59　嵌入图片

（8）将公司提供的 Logo 拖入画面中，调整大小并放到合适位置，用“文字工具”将文案写入，移动到合适位置。用“矩形选框工具”绘制两条细线，将“茶”字放在中间，绘制一个小元素，起到使封面整体协调和稳定视觉的作用，如图 2-2-60 所示。

图 2-2-60　添加其他元素

（9）选中“画笔工具”，在“画笔预设”选取器中选中“散布叶片”笔刷，笔刷大小为 500，颜色色值为（C80 M40 Y60 K20），在剩下的白色画面中随意绘制。可用选框工具将单片树叶选中进行放大缩小或者移动位置，确定好位置后将图层不透明度改为 20%，作为背景，如图 2-2-61 所示。

图 2-2-61 “散布叶片”笔刷运用

（10）将素材中的“茶壶”图片拖入画面中，进行抠图处理，调整大小并放到合适位置，将所需文字内容放到合适位置，文字字体为“楷体”，如图 2-2-62 所示。

图 2-2-62 添加素材 1

（11）将素材中的“碗茶”图片拖入画面中，调整大小并放到合适位置，将所需文字内容放到合适位置，这里“茶的功效”内容需要“切换文字取向”为纵向，如图 2-2-63 所示。

（12）单击“创建新组”按钮，将所有图层选中并移动到“组 1”图层里，这样三折页的一整面就完成了。

（13）隐藏“组 1”，新建图层，并用“画笔工具”重复之前的步骤，在“画笔预设”选取器中选中“散布叶片”笔刷，笔刷大小为 500，颜色色值为（C80 M40 Y60 K20），在画面中随意绘制，图层透明度改为 20%，如图 2-2-64 所示。

（14）等比例缩小并复制多个，自由调整不透明度，摆放到合适位置；新建图层，用“矩形选框工具”绘制一个矩形，填充渐变色，如图 2-2-65 所示。

图 2-2-63　添加素材 2

图 2-2-64　新建图层

图 2-2-65　绘制矩形

（15）将素材中的“茶园”图片拖入画面中，调整大小，将鼠标移动到两个图层中间，按 Alt 键将图片嵌入“矩形”图形中，如图 2-2-66 所示。

图 2-2-66　嵌入图片

（16）对素材中的“茶叶种类”图片进行抠图处理，调整大小并放到合适位置，将文字内容编辑排版，文字颜色为（C40 M0 Y10 K0），如图 2-2-67 所示。

图 2-2-67　处理图片及文字

（17）对其他文字进行编辑排版，如图 2-2-68 所示。

（18）单击“创建新组”按钮，将所有图层选中并移动到“组 2”图层里，这样三折页的另一面就完成了，如图 2-2-69 所示。

（19）检查出血位置和出血尺寸是否准确，校验文字是否有错别字及丢失情况。保存源文件“茶文化三折页 .psd”，执行“文件”→“储存为”命令保存为“茶文化三折页 01.jpg”和“茶文化三折页 02.jpg”。至此，本任务制作完成。

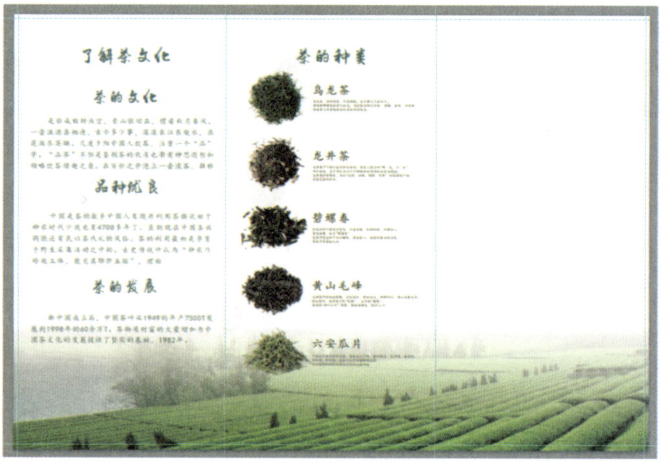

图 2-2-68　编辑排版

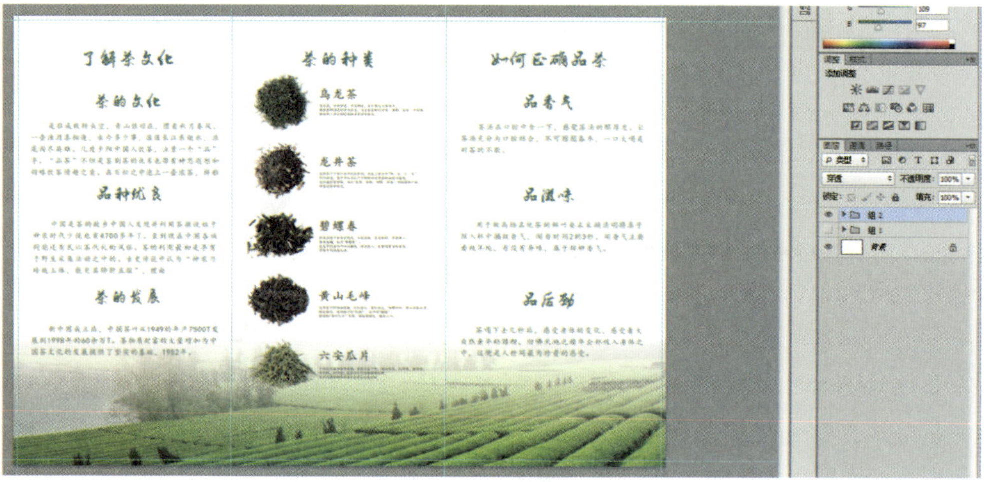

图 2-2-69　三折页另一面

【任务小结】

本任务制作的是全像素化典型三折页，其栏目划分清晰，技术难度适中，色彩明亮，构图稳定，采用面向固定成品效果的仿真制作方式进行教学，使学生在了解企业背景和项目渊源的前提下进行目标明确的针对性训练，为后面的拓展实战项目打下基础。

“般净”茗茶折页主要制作步骤

【考核评价】

评分项目	评分标准	参考分值	备注	得分
基础页面尺寸	各部位尺寸准确、无误差，参考线位置准确	20		

续表

评分项目	评分标准	参考分值	备注	得分
印刷图	色彩模式正确，数值准确无误	20	CMYK 模式	
	元素齐全无缺失，图像分辨率满足印刷要求	20		
印前工艺	出血值准确，文字层已栅格化	20	出血值 2 ～ 3mm	
校稿	错别字及符号检查，中英文和数字字体检查	20		

任务 3　折页设计拓展实战

【任务描述】

（1）任务主题：“永利达”企业宣传折页设计。

（2）任务背景：广东永利达金属制品有限公司成立于 1995 年，是一家专业从事五金线材制品加工制造的企业。公司环境优美，拥有自建 60000 平方米的厂房，400 ～ 500 名员工和一支有 20 多年研发经验的技术设计队伍，并于 2017 年成立佛山销售分公司。公司主要生产超市用的购物车、衣架、促销展示架、购物篮、货架挂钩和各种五金配件，产品用户遍及全国各地，更畅销国外（欧洲、北美、澳洲、日本等地）。公司在 2003 年获得国家 ISO9001：2000 质量认证，在 2008 年获得国家 ISO9001：2008 质量认证。每年购物车销售量为 50 万台。以品质求生存，以科技求发展，“永求创新、利用机遇、达者为先”的公司宗旨令我们的产品在国际市场上的竞争力不断增强。

【任务要求】

参考样图中的布局及排版方式，使用提供的电子素材，设计完成“永利达”企业宣传折页。样图非目标效果也不是设计方案，仅作为设计风格与排版思路的参考点，可完全自主设计，设计稿无须与样图相同。要求美观大方，突出品牌国际化，强化企业宣传，进一步突出产品主题与特性。

（1）制作尺寸：W95mm×H210mm（三折页折后净尺寸）或 W143mm×H210mm（对折页折后净尺寸）。

（2）内容安排。

封面：公司标志、公司名称中英文。

内页：公司中英文简介、企业环境照片、产品分类介绍与图片、企业荣誉证书等。

封底：公司标志、公司名称中英文、地址、电话、传真、网址等。

（3）软件平台：自选（Photoshop 或 Illustrator 均可）。

（4）交付格式：电子源文件（.psd/.ai）+ 预览图（.jpg）。

（5）命名方式：电子文件命名为“班级 + 学号 + 姓名”。

参考图如图 2-2-70 所示。

图 2-2-70　永利达企业宣传折页参考图

【知识链接】

永利达企业宣传折页文案

（1）封面文案：广东永利达金属制品有限公司（Guangdong Winleader Metal Products Co.,Ltd）

（2）封底文案。

广东永利达金属制品有限公司

Guangdong Winleader Metal Products Co., Ltd.

地址：中国广东省肇庆市高新区工业大街 XXX 号

ADD：No.XXX, Industrial Street, Zhaoqing National High-Tech Industrial Development Zone, Zhaoqing, Guangdong, China

TEL：+86 758 6666 8888

FAX：+86 758 8888 6666

Email：sales888@cnwinleader.com

（3）内页基本文案。

公司简介：广东永利达金属制品有限公司位于富饶的珠江三角洲腹地，交通、运输、通讯等基础设施完善，为发展对外经济贸易、生产经营、技术合作等创造了优越条件。

公司坐落在广东省肇庆市高新区工业大街3号，成立于1995年，是一家专业从事金属线材制品生产的公司。公司环境优美，拥有自建60000平方米的厂房，四百多名员工和一支有相当实力的技术设计队伍。

公司主要生产超市用的购物车、衣架、促销展示架、购物篮、货架挂钩和各种五金配件。产品已通过ISO9001:2000质量认证体系的认证。由于我公司不仅重视产品质量，还致力于新产品的开发与更新，因而用户遍及全国各地，更畅销国外（包括欧洲、北美、澳洲、日本等地），深受国内外用户的欢迎。

公司以品质求生存，以科技求发展，“永求创新、利用机遇、达者为先”的公司宗旨令我们的产品在国际市场上的竞争力不断增强。

欢迎各界人士垂询和惠顾，我们热情地期待与您合作。

Company Brief：GUANGDONG WINLEADER METAL PRODUCTION CO.LTD is located in the hinterland of the prosperous Pearl River Delta, where infrastructures including communication, transportation and so on are perfect and provide superior conditions for the development of foreign economics and trade, production and operation, technical cooperation.

Located in No.3 Industrial Street, Zhaoqing National High-Tech Industrial Development Zone Zhaoqing City, Our company is funded in 1995 which is a leading manufacturer specialized in producing metal wire product. We have a self-constructional workshop with 60,000 square meters and over 400 employees, a group of staffs holding powerful knowledge of designing and technology nowadays.

Our company mainly produces all kinds of supermarket shopping cart, coat hanger, promotional display shelf, shopping basket, shelf hooks and metal fittings. Our products have passed the examination of ISO 9001-2000 QMSC. Since our company not only focuses on the product quality, but also devotes itself to the new product development and upgrading. We have customers all over the country, and our products are well sold to foreign countries (including Europe, the Unite State, North America, Australia, Japan, etc.) and win an unanimous appreciation from the domestic and foreign customers.

Our company seeks survival through quality and seeks development though technology in 21st century. Pursing creativity forever, making good use of the opportunities, leading in this field，is our objective, We will enhance the competitiveness of our products in the international market.

People from all walks of life are welcome to enquire and patronize. We are eagerly looking forward to your cooperation.

（4）产品文案详见素材文件“产品说明 .doc”。

【任务小结】

实战型扩展项目能有效地考查学生对前述内容的掌握情况，同时配以真实的任务要求，给出一定范围的自我发挥空间，加之版式、色彩、内容、结构等多元化的创意设计，让学生将所学技能与自我意识相结合，进而依照主题要求设计出成品。这也是学生从模仿升级到真题实做的一个有效的必经过程。

【考核评价】

评分项目	评分标准	参考分值	备注	得分
基础页面尺寸	各部位尺寸准确、无误差，参考线位置准确	20		
印刷图	创意巧妙，紧贴主题，美观大方	20	CMYK 模式	
	元素齐全无缺失，图像分辨率满足印刷要求	20		
印前工艺	出血值准确，文字层已栅格化	20	出血值 2 ～ 3mm	
校稿	错别字及符号检查，中英文和数字字体检查	20		

思考与练习

1. 收集身边的宣传折页，观察其折叠方式、版式分布与主题的关系。
2. 宣传册（装订）与宣传折页相比，二者的优缺点有哪些？
3. 为了防止折页折叠造成的纸张断裂，通常采用什么印后工艺来解决这个问题？

项目 3　纸包装设计与制作

项目导读

通过对本项目的学习，学生可以理解包装设计的基本概念，掌握常见纸盒包装和手提袋包装的设计制作方法，明确产品包装设计与品牌定位之间密不可分的关系。本项目共包含 4 个任务，按照包装结构的不同及难易度递增的方式展开教学，任务完成后学生可以熟练掌握包装设计的电子文件制作全过程，并熟知印前工艺处理流程，在此基础上形成对包装设计的统一思路，对包装元素的视觉传达设计有较为全面深入的认识。

教学目标

- 掌握使用计算机制图软件进行包装电子模切图绘制的技法。
- 了解包装图文元素的视觉传达设计方法与相关法律法规及行业知识。
- 掌握使用计算机制图软件进行包装图文印刷稿设计制作的方法。

任务 1　六面摇盖包装盒设计制作

【任务描述】

（1）任务主题："鸵鸟"牌蓝黑色钢笔墨水包装盒仿真制作。

（2）任务背景：天津市鸵鸟墨水有限公司（原天津墨水厂）始创于 1935 年，是中国第一滴墨水的诞生地，"鸵鸟"是中国墨水行业第一个也是唯一的一个"中国驰名商标"和"中华老字号"。鸵鸟的彩色墨水已经开发至 700 多种，引领着该领域的发展方向。墨水、墨汁、打印喷墨、荧光水、荧光笔墨水、白板笔墨水、记号笔墨水、中性笔墨水、宝珠笔（直液式）墨水、直液式钢笔墨水、喷码墨水、打码墨水、计算机喷涂打印墨水等是公司的主营产品。天津市鸵鸟墨水有限公司以雄厚的实力、合理的价格、优良的服务与多家企业建立了长期合作关系。

（3）产品介绍：3 系列“鸵鸟”牌墨水是天津市鸵鸟墨水有限公司的老牌经典产品，具有色泽鲜艳、书写流利、字迹坚牢、不易沉淀、永不褪色等特点。本包装为经典 3 系列中的“313 蓝黑”钢笔墨水包装盒。

【任务要求】

按照参考图进行电子模切图及印刷图仿真制作，具体要求如下：

（1）制作尺寸：L70mm×W40mm×H60mm（成品）。

（2）辅助尺寸：糊头（粘口）宽 15mm，插舌高 15mm，防尘翼高 30mm。

（3）交付格式：电子源文件（.ai/.cdr）+ 预览图（.jpg）。

（4）命名方式：电子文件命名为“班级 + 学号 + 姓名”。

（5）印前处理：出血 3mm，文字创建轮廓。

（6）主要字体：黑体、行楷体、方正姚体、隶书、Bodoni、Arial。

参考图（电子模切图 + 印刷图）如图 2-3-1 和图 2-3-2 所示。

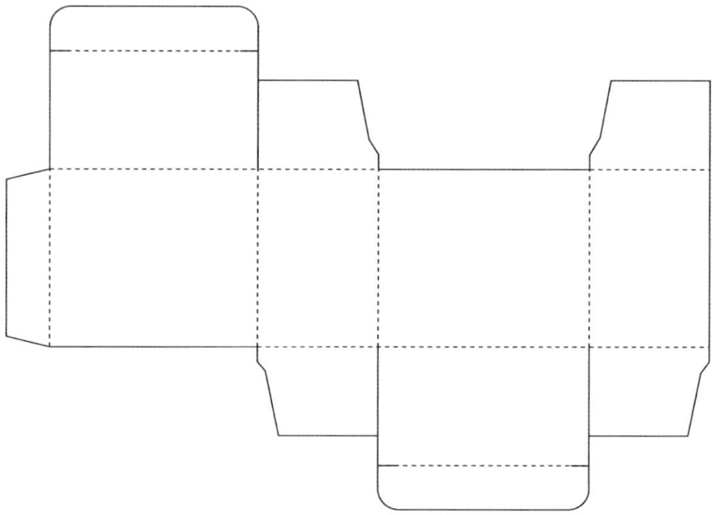

图 2-3-1　鸵鸟墨水包装模切图

提示说明：包装设计电子图通常由模切图和印刷图两部分组成，而成品的电子图这两者是放在一起的，位于不同的两个层中。其中模切图即轮廓图，用来指导印刷厂制作模切板，以便对整张印刷成品进行机器裁切成型。印刷图则用来进行彩色印刷。

在电子模切图中，需要被裁切的线段用实线表示，需要被折叠的线段用细虚线表示。强烈建议初学者在进行电子模切图制作之前先进行手工纸模型的绘制与折叠，通过 1:1 的手工纸盒制作可以非常直观地了解包装盒的结构及各部分之间的关系，对学习包装设计大有裨益。

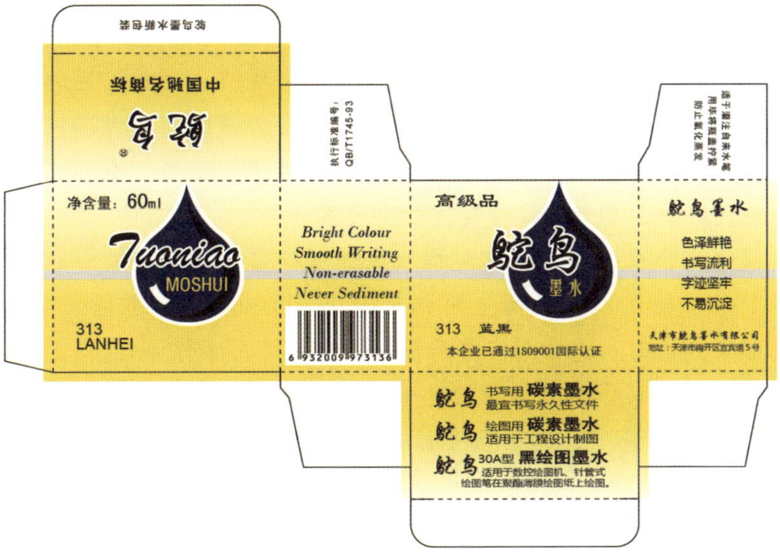

图 2-3-2　鸵鸟墨水包装印刷图（含模切）

制作包装盒纸模型所用的工具及材料：

（1）卡纸（白卡纸、黑卡纸、彩色卡纸）或板纸（白底白板纸、灰底白板纸）。

（2）铅笔、橡皮。

（3）针管笔 / 自来水笔。

（4）直尺（大于 300mm）。

（5）剪刀。

（6）白乳胶 / 胶棒。

（7）压痕笔。

制作包装盒纸模型的基本步骤：

（1）计算展开图横向总宽度，计算公式：侧面宽度 ×2+ 正面宽度 ×2+ 粘口（15mm）。

（2）计算展开图纵向总高度，计算公式：净高度 + 侧面宽度 ×2+ 插舌 ×2（15mm）。

（3）按照计算出的总宽度和总高度在卡纸上进行展开图绘制（参考上面的模切图），防尘翼高度为 18mm。

（4）检查同向各边是否平行（确保包装盒为正矩形，如同向各边不平行会变成梯形导致模型错误）。

（5）用压痕笔（可用钥匙代替）配合直尺将参考图中的虚线部分（需折叠的部分）进行压痕。

（6）用剪刀沿包装盒外轮廓剪下，并将防尘翼位置剪开。

（7）在糊头（粘口）位置涂上胶水，折叠粘接完成制作，效果如图 2-3-3 所示。

图 2-3-3　纸盒模型效果

【知识链接】

纸盒包装经常是作为销售包装或运输的大包装出现的，因此包装的尺寸就显得非常重要。一般来说一个产品要放到纸盒中，那么纸盒就必须比产品大，但要大多少呢？这就必须建立正确的尺寸观；盒子过大，纸盒堆叠时容易被压坏、变形、破裂，因此纸盒尺寸要使产品放进去后紧靠盒墙，这样才安全可靠。

就纸盒包装来讲，最基础也最常见的就是六面摇盖包装盒。其中有个关于纸盒尺寸的概念要统一，即纸盒的高，国际上统称为盒深（Depth），意思是纸盒装物品的深度，但国内习惯上都叫作盒高。通常人们总是把盒子最长的尺寸称为长，然后是宽，最后是深。在世界范围内却有比较科学合理的解释，他们认为盒子开口的那部分应该是长，也是盒子的第一个尺寸，接着是宽，真正盒子放置物品的厚度或深度才是它的深，如图 2-3-4 所示。

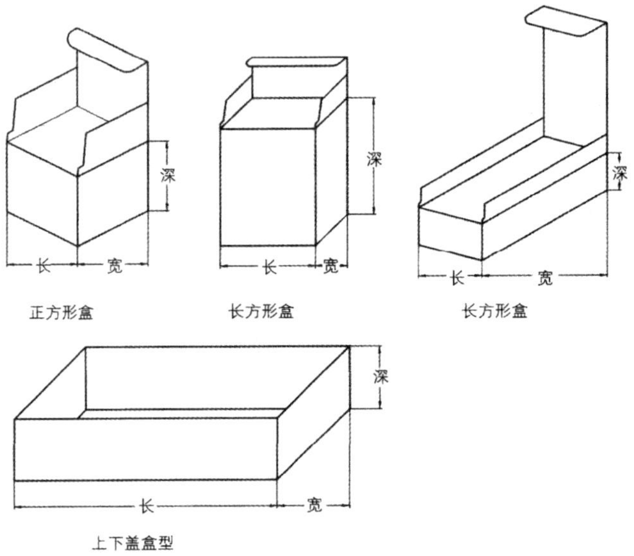

图 2-3-4　摇盖纸盒盒型尺寸标识

纸盒的各部分通常都有标准的名称，以反向摇盖纸盒为例，各部分的名称如图 2-3-5 所示。

A 为纸盒的长度，即纸盒的开口处，也就是纸盒的第一个尺寸。

B 为纸盒的宽度，即纸盒的第二个尺寸。糊头边的盒宽已减去一张纸厚，其用意是修正纸盒。糊好后，盒宽的纸边不会从粘口处凸出，甚至是割手。

C 为纸盒的深度（俗称盒高），它是纸盒收纳物品的深度。

D 为糊头，是纸盒成型主要的结合部位。糊头的尺寸一般与纸盒的大小成正比，通常是 15mm ～ 20mm。

E 为插舌，它是插入盒身（或盒底）固定盒盖用的。盒盖多采用摩擦式插舌，可多次开合，不至于损伤盒盖。

F 为肩，是盒盖摩擦扣受阻力的部分，其值越大，得到的摩擦效果越好。

G 为半径，等于插舌减去肩。

H 为母锁扣，是插舌锁扣锁合处，它应比母锁扣小 2mm，以确保锁合后的紧密性。

I 为防尘翼，其实它的作用不止是防尘，对纸盒整体强度也有关键性的帮助。没有它，整个纸盒会松懈无力。防尘翼的高可为 1/2 宽 +1/2 插舌，或为大于 1/2 宽且小于宽，视需要而定，但不得大于 1/2 长，否则左右两片会重叠在一起。

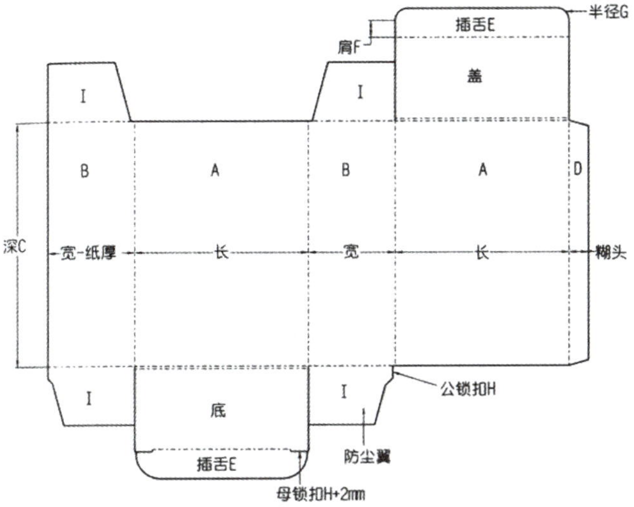

图 2-3-5　摇盖纸盒结构图

【任务实施】

鸵鸟墨水包装盒主要面绘制

鸵鸟墨水包装盒辅助面绘制

鸵鸟墨水包装盒压痕线绘制

核心步骤 1：电子模切图的制作。

（1）根据既定尺寸计算包装盒展开图横向总宽度和纵向总高度：横向总宽度 =40×2+70×2+15=235，纵向总高度 =60+40×2+15×2=170；启动 Illustrator，据此设定画板区域尺寸（画板区域尺寸要稍大于包装展开图尺寸），如图 2-3-6 所示。

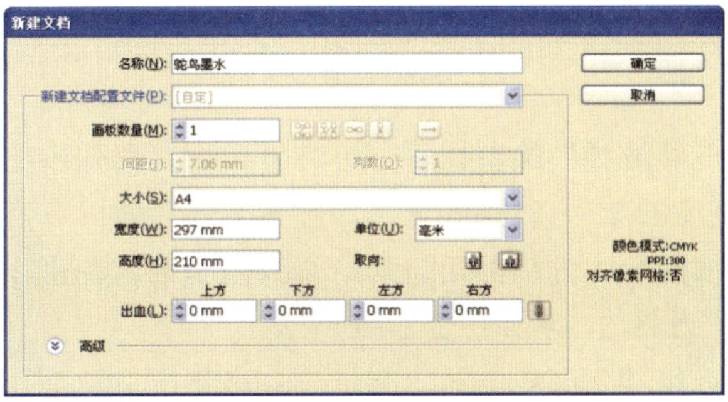

图 2-3-6　新建文件

（2）根据给定尺寸绘制出包装盒的 6 个主要面，并将各个单面的边缘无缝贴合对齐，如图 2-3-7 所示。

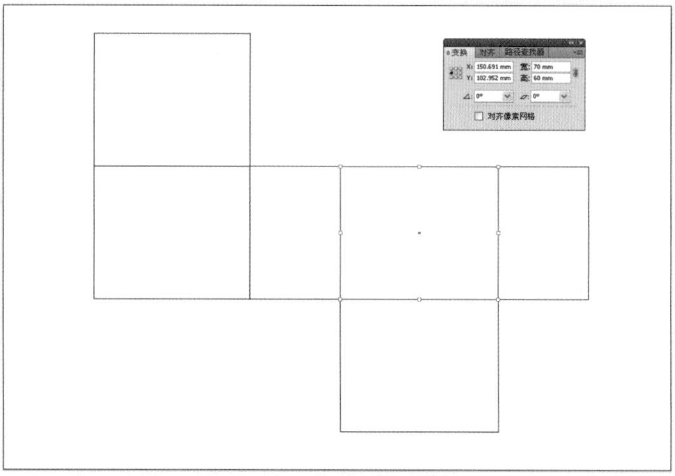

图 2-3-7　绘制基本结构

（3）按照要求和比例将糊头（粘口）和防尘翼绘制出来，其中防尘翼上的公锁扣（标红线处）高度为 7mm，如图 2-3-8 所示。

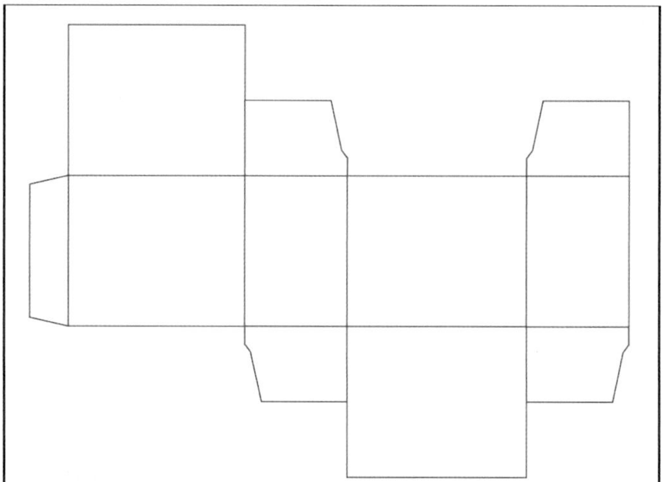

图 2-3-8　绘制防尘翼

（4）使用“圆角矩形工具”绘制插舌，单击空白处，在弹出的对话框中设置宽度为 70mm，高度为实际高度的 2 倍（15mm×2），圆角半径为实际高度的一半（15mm÷2）。使用“直线工具”沿横向居中分割圆角矩形，得到两个插舌图形，分别贴合对齐到顶面与底面的相应位置上，如图 2-3-9 和图 2-3-10 所示。

（5）使用“路径查找器”面板中的“联集”命令将所有单面图形相加为整体，形成包装盒外轮廓图形，如图 2-3-11 所示。

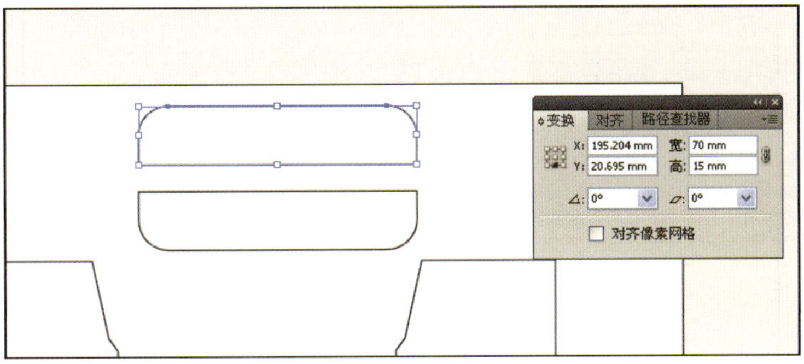

图 2-3-9　绘制插舌

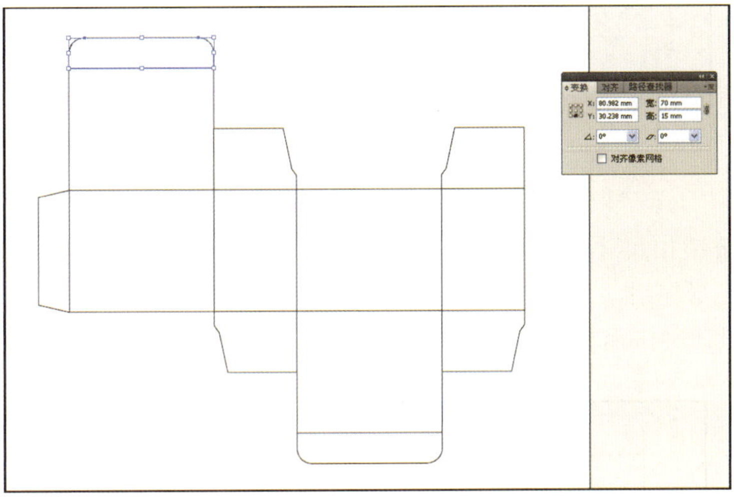

图 2-3-10　放置并对齐插舌

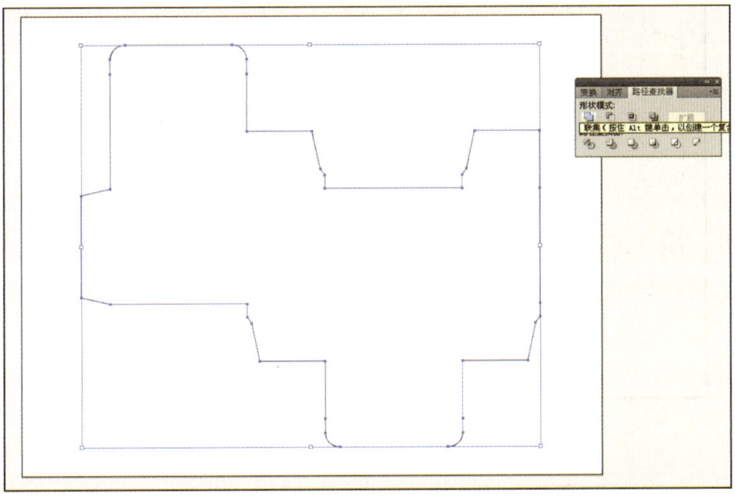

图 2-3-11　将包装盒各面合为一体

（6）绘制实线和虚线，将包装盒内部的裁切线和折痕线标注清楚，如图 2-3-12 所示。

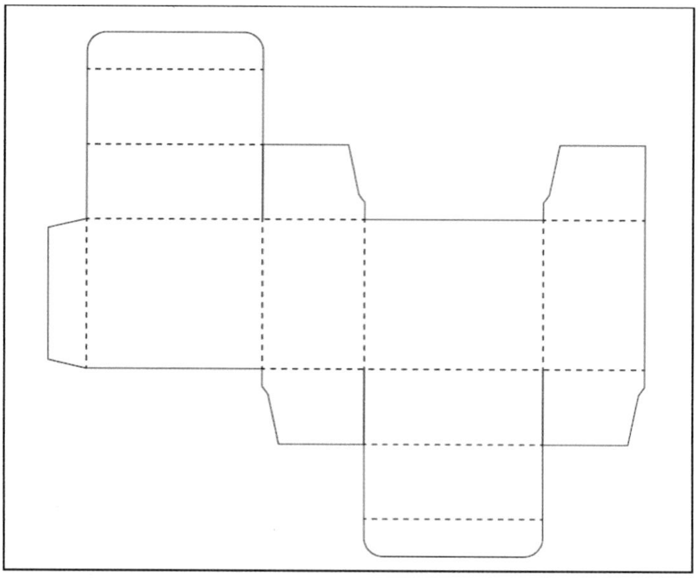

图 2-3-12　添加裁切线和折痕线

（7）根据公锁扣尺寸标注母锁扣位置及尺寸，本例中母锁扣（标红线处）宽度为 8mm，将所有图形编组，至此模切图绘制完成，如图 2-3-13 所示。下一步将在此基础上进行印刷图的设计制作。

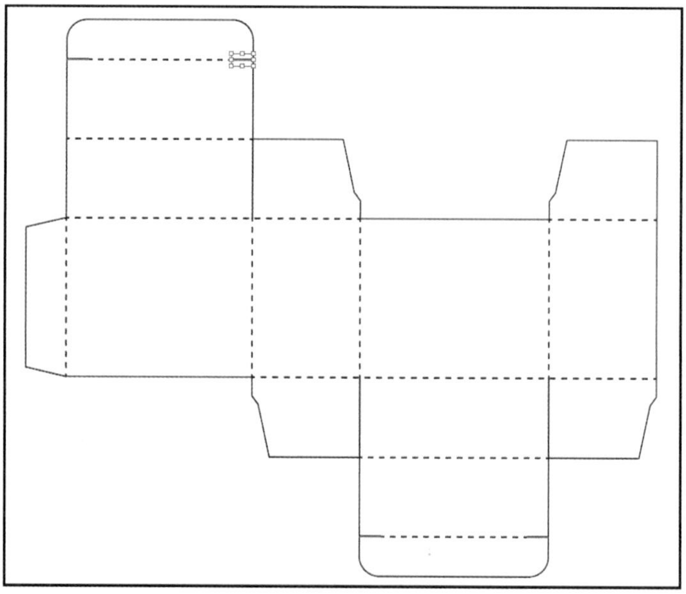

图 2-3-13　标注锁扣位置及尺寸

核心步骤 2：电子印刷图的制作。

（1）在图层 1（模切图层）下方建立图层 2，锁定图层 1；绘制渐变底色及灰色色带，增加出血尺寸为 3mm（注：渐变为白色的一侧无须做出血），如图 2-3-14 所示。

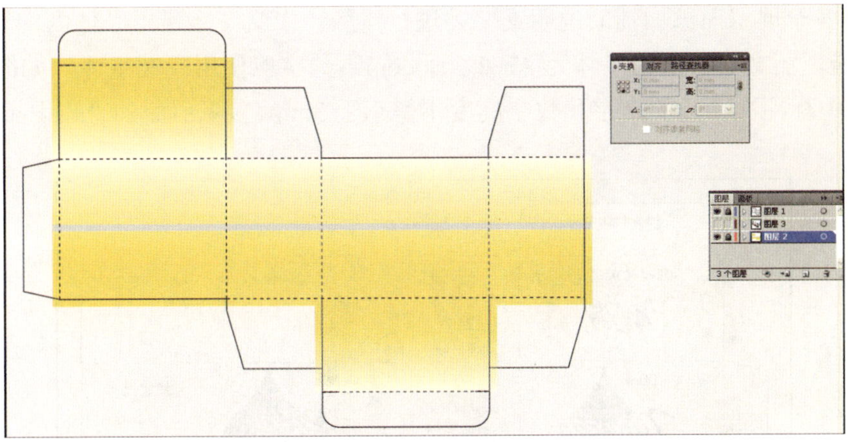

图 2-3-14　绘制底色

（2）在图层 1 和图层 2 之间建立图层 3，将图层 1 和图层 2 锁定，在空白处使用“钢笔工具”绘制墨滴图形并填充颜色，如图 2-3-15 所示。

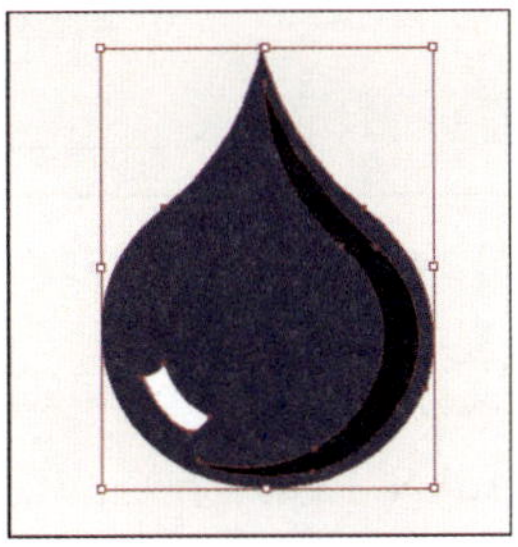

图 2-3-15　绘制墨滴图形

（3）在图层 3 中将绘制好的墨滴图形摆放到正背面中并调整大小，添加主要文字和白色边线（其中“鸵鸟”和“Tuoniao”文字为行楷体，“墨水”和“MOSHUI”文字为姚体），绘制注册图标 ®，如图 2-3-16 所示。

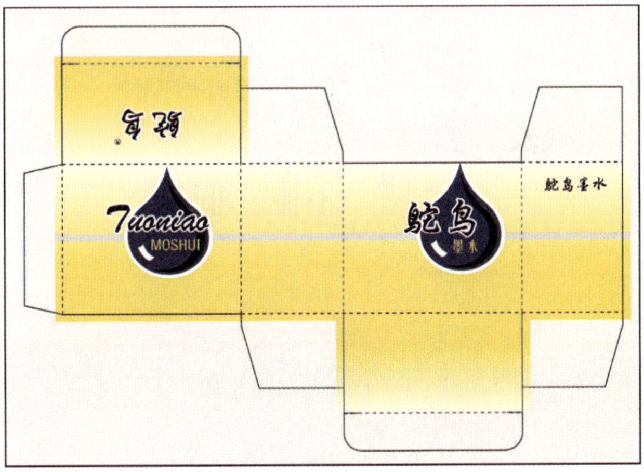

图 2-3-16　制作品牌文字

（4）为各个展示面添加辅助说明文字并进行排版。中文文字所用字体为中黑体、黑体、隶书、行楷，英文文字所用字体为 Arial、Bodoni，数字应使用英文字体，如图 2-3-17 所示（注：其中标注净含量的文字和数字高度不得小于 3mm，参见后面的“知识拓展”部分。

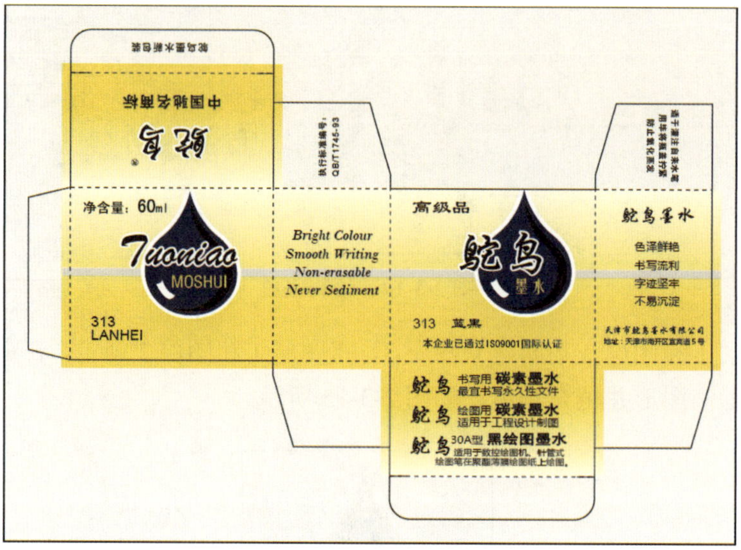

图 2-3-17　添加辅助文字

（5）启动 CorelDRAW 软件，执行“编辑”→“编辑条形码”命令，在弹出的“条码向导”对话框中选择行业标准格式 EAN-13，将条码的前 12 位输入（第 13 位为自动生成），单击“下一步”按钮和“完成”按钮，将条形码文件另存为 Barcode.eps，如图 2-3-18 所示。

图 2-3-18　生成条形码

（6）回到 Illustrator 中，打开 Barcode.eps 文件，使用“直接选择工具”选中条形码顶端的相关节点调整条形码竖条的高度（注意不要影响条形码下方的数字），将其复制到

“鸵鸟墨水 .ai”文档中，调整大小并摆放到包装盒侧面下方位置，如图 2-3-19 所示。

图 2-3-19　添加条形码

（7）将图层 2 和图层 3 解锁，检查出血位置和出血尺寸是否准确，校验文字是否有错别字或丢字情况；将图层 3 的所有内容选中，执行“文字”→“创建轮廓”命令将文字转换为图形，如图 2-3-20 所示。

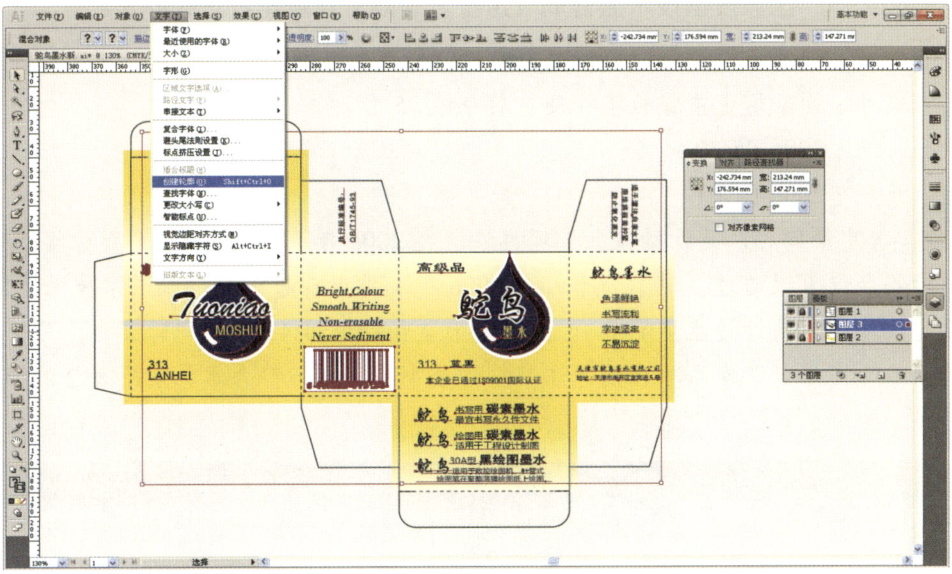

图 2-3-20　文字转曲

（8）保存源文件“鸵鸟墨水包装盒 .ai”，执行“文件”→“导出”命令导出包装盒预览图“鸵鸟墨水包装盒 .jpg”，在“JPEG 选项”对话框中设置“颜色模型”为 RGB 并酌情选择合适的分辨率，如图 2-3-21 所示。至此，包装盒印刷图绘制完成。

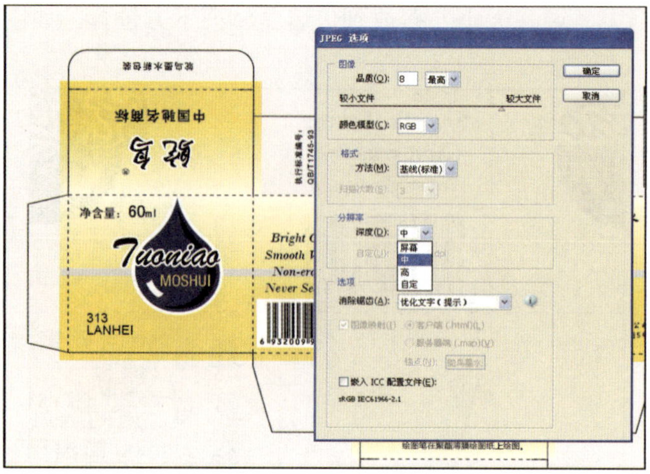

图 2-3-21　导出 JPG 图片

【知识拓展】

在国家质量技术监督局于 2006 年颁布的《定量包装商品计量监督管理办法》中对定量包装商品的计量标注有明文规定，违反者将被处以相应罚款。下面将《定量包装商品计量监督管理办法》中与定量标注相关的条款内容及常见问题列出，供大家参考。

国家质量技术监督局《定量包装商品计量监督管理办法》

发布单位：国家质量监督检验检疫总局

发布文号：国家质量监督检验检疫总局令第 75 号

发布日期：2005-05-30

生效日期：2006-01-01

备注：《定量包装商品计量监督管理办法》经 2005 年 5 月 16 日国家质量监督检验检疫总局局务会议审议通过，现予公布，自 2006 年 1 月 1 日起施行。原国家技术监督局发布的《定量包装商品计量监督规定》（国家技术监督局令第 43 号）同时废止。

第六条　定量包装商品净含量标注字符的最小高度应当符合本办法附表 2 的规定。

附表 2　标注字符高度

标注净含量 /Qn	字符的最小高度 /mm
Qn ≤ 50g Qn ≤ 50mL	2
50g < Qn ≤ 200g 50mL < Qn ≤ 200mL	3
200g < Qn ≤ 1000g 200mL < Qn ≤ 1000mL	4
Qn > 1kg Qn > 1L	6
以长度、面积、计数单位标注	2

定量包装商品净含量标注的常见问题

（1）标注位置不明显。常见于一些小包装商品中，没有与商品名称排在同一展示面或没有独立标注，通常是夹到商品说明中或其他标识性文字中。

（2）标注内容不正确。常常有"净重：××kg""总重：××kg""重量：××kg"或"Net weight: ××g""净含量：×××g±×g"等不规范的标注。根据《定量包装商品计量监督管理办法》要求，标注内容应是用中文书写的"净含量"、净含量量值的数字、法定计量单位（或用中文表示的计数单位）三部分组成，正确的标注应是"净含量：××kg"。以质量和体积单位标注的净含量必须包括以上三个部分内容，以长度、面积、计数单位标注的，一般情况下不会引起消费者的误解，可免于标注"净含量"3个字。

（3）标注内容不清晰。一些定量包装商品生产商，在标注净含量时常常出现模糊不清的情况，甚至是在包装袋上打个印，很难分辨清楚。这显然不符合《定量包装商品计量监督管理办法》要求的标注字符要清晰的规定。

（4）字符高度不符合要求，小于规定的最小字符高度，这同样不利于消费者识别。《定量包装商品计量监督管理办法》中对质量、体积单位标注净含量字符作了具体规定，对以长度、面积、计数单位标注净含量的字符规定了最小高度。

（5）未正确使用法定计量单位。"净含量：1kg或1L"标注成"净含量：1000g或1000ml"等，《定量包装商品计量监督管理办法》中要求，质量或体积标注净含量小于1000g（mL）的，计量单位为g（克）或mL（ml）（毫升）；1000g（mL）或以上，计量单位应为kg（千克）或L（l）（升）。

核心步骤3：校稿与转曲。

（1）检查有无错别字，字体字号是否准确无误，确保英文和数字都使用英文字体。

（2）检查印前出血数值，校正CMYK颜色数值。

（3）检查链接图像（判断是否有链接图像及是否需要嵌入）。

（4）将所有文字转曲（创建轮廓）。

几点提示：

- 印前出血：电子印刷图的出血数值通常为3mm，根据纸张厚度可酌情增加到5mm。为了保证印刷色彩的准确度，一般情况下CMYK数值多使用整数值，小数点后数值可采取四舍五入的方式计入整数位。
- 链接图像及嵌入：Illustrator软件对于外部图像（例如使用Photoshop制作的像素图）默认为链接形式显示，即只在主文档中保存外部图像的位置信息，而置入主文档的外部图像必须和主文档共同保存共同移动，始终保存在同一位置，否则主文档打开后该链接图像将不可显示。如果在Illustrator主文档中对链接图像使用了"嵌入"命令，则可将外部图像完全保存在主文档中，使外部图像脱离与主文档的链接关系，但会在一定程度上增大主文档的体积。

【任务小结】

本任务所制作的纸包装盒为基础盒型，是后续变体包装盒的基础结构，采用面向固定成品效果的仿真制作方式进行教学，使学生在了解企业背景和项目渊源的前提下进行目标明确的针对性训练，从而保证下一项教学活动的顺利开展。

鸵鸟墨水包装盒结构演示

【考核评价】

评分项目	评分标准	参考分值	备注	得分
电子模切图	各部位尺寸准确、无误差	20		
	插舌、防尘翼、粘口、锁扣等部位结构合理得当	15		
电子印刷图	色彩模式正确，数值准确无误	15	CMYK 模式	
	元素齐全无缺失，链接图像已嵌入文档或随文档同步保存	20		
印前工艺	出血值准确，如有特殊印刷工艺则单独标注矢量版（烫金银 /UV/ 压印等）	10	出血值 3mm	
校稿	错别字及符号检查，英文和数字字体检查	20		

任务 2　摇盖锁底式包装盒设计制作

【任务描述】

（1）任务主题：“好呀好”牌小儿退热贴包装盒型仿真制作。

（2）任务背景：“好呀好”牌小儿退热贴是通过凝胶中水分汽化将体内的过多热量挥发出去，从而达到降低体温的效果，让儿童健康安全降温，同时不破坏儿童体内的免疫系统功能。它属于物理降温用品，因其退热快、降温效果好、安全无毒副作用而被广泛运用于小儿发热发烧。

（3）产品介绍：小儿退热贴用于高烧应急安全退热、快速物理降温，产品为避光性及阻隔性强的凝胶贴剂，具芳香味，适用人群为三月龄以上儿童。

【任务要求】

按照参考图进行电子模切图及印刷图制作，具体要求如下：

（1）制作尺寸：L100mm×W20mm×H170mm（成品）。

（2）辅助尺寸：糊头（粘口）宽 15mm，插舌高 17mm，防尘翼高 15mm。

（3）交付格式：电子源文件（.ai/.cdr）+ 预览图（.jpg）。

（4）命名方式：电子文件命名为“班级＋学号＋姓名”。

（5）印前处理：出血 3mm，文字创建轮廓。

（6）主要字体：粗圆简、圆体简、中黑简体、黑体、Arial。

参考图（模切图＋印刷图）如图 2-3-22 所示。

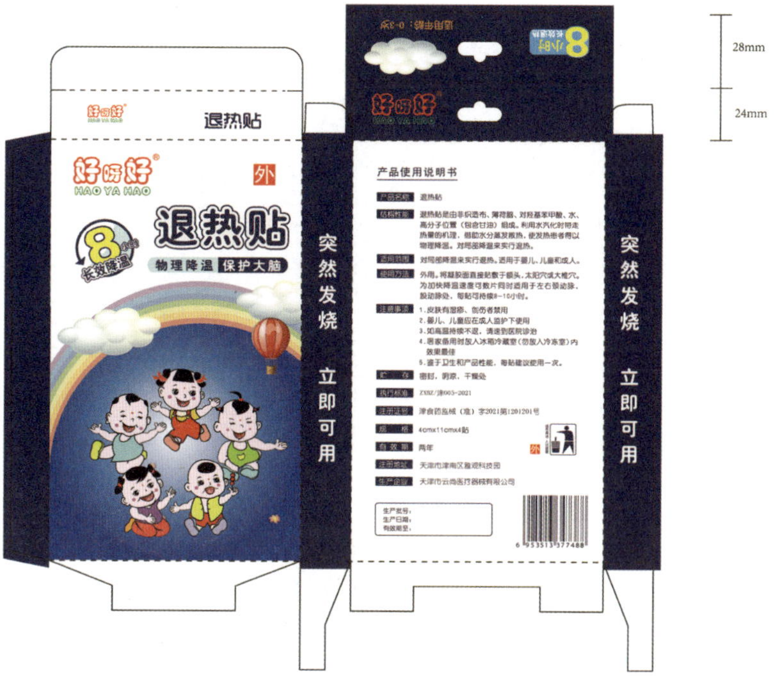

图 2-3-22　好呀好退热贴包装印刷图（含模切）

【知识链接】

锁底式包装盒是生活中常见的包装盒结构，该结构为底部穿插锁定的结构，相对于传统的摇盖底，插底结构可以有效地提高盒体的承重性，同时具备良好的收纳功能，在不使用的情况下可以压扁存放，不占用空间，不使用印后裱糊工艺，生产成本低，结构优势明显，在包装设计中被广泛使用。一般也通称其为“1-2-3 底”，意思是该盒底的锁合分 1、2、3 步。

锁底式包装盒在成型时，先合上 A 部位，再将两片 B 部位合至 A 部位，最后将 C 部位插入。

锁底部分结构分解及折叠示意图如图 2-3-23 和图 2-3-24 所示。

（1）底部凸起部分长度：盒体长度的 1/2 减去 1 ～ 2mm（根据包装盒纸张厚度判断，纸张越厚，减掉的数值相应增加）。

（2）底部凹陷部分长度：盒体长度的 1/2。

（3）底部凸起与凹陷部分的高度分为上下两部分，计算公式相同，上半部分高度均为盒体宽度的 1/2，下半部分均为大于盒体宽度的 1/4 小于盒体宽度的 1/2，在此区间的数值均可使用。

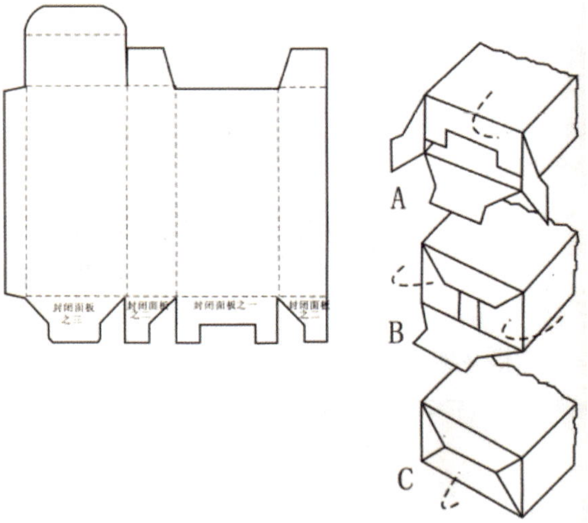

图 2-3-23　锁底部分结构分解

图 2-3-24　锁底部分折叠示意图

（4）根据计算结果在相应位置添加锚点，完成凸起与凹陷结构的绘制，如图 2-3-25 所示。

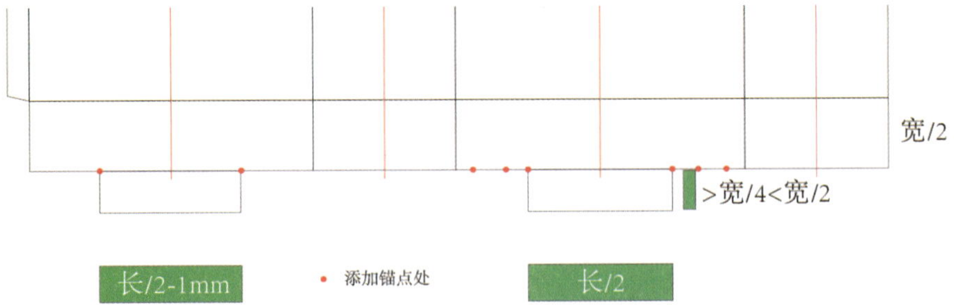

图 2-3-25　绘制凸起与凹陷结构

（5）依据底部凸起位置和两侧封闭面板的距离相同的特征推导出在两侧封闭面板上添加锚点的位置，并拖拽节点产生两侧封闭面板结构，如图 2-3-26 所示。

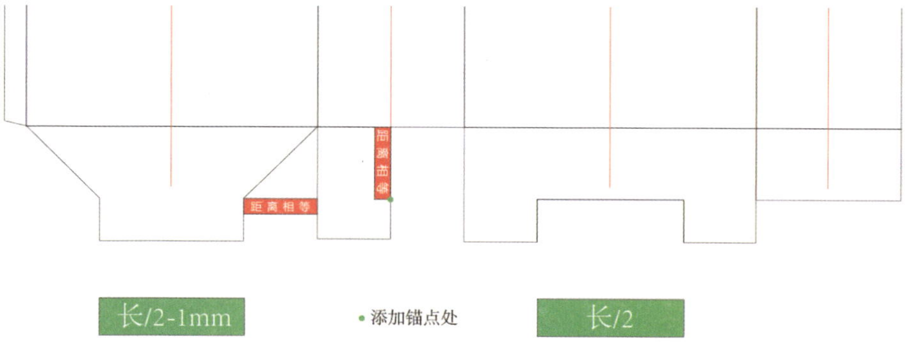

图 2-3-26　生成两侧封闭面板结构

插底盒底部模切结构制作步骤

【任务实施】

核心步骤 1：电子模切图的制作。

（1）启动 Illustrator，新建文档，设置尺寸为 A3 横向，如图 2-3-27 所示。

（2）按照规定尺寸进行电子模切图的制作。该包装盒为悬挂式摇盖插底结构，顶部结构为摇盖，底部结构为插底。根据前面所学先绘制出包装盒的主要展示面、粘口、插舌，如图 2-3-28 所示。

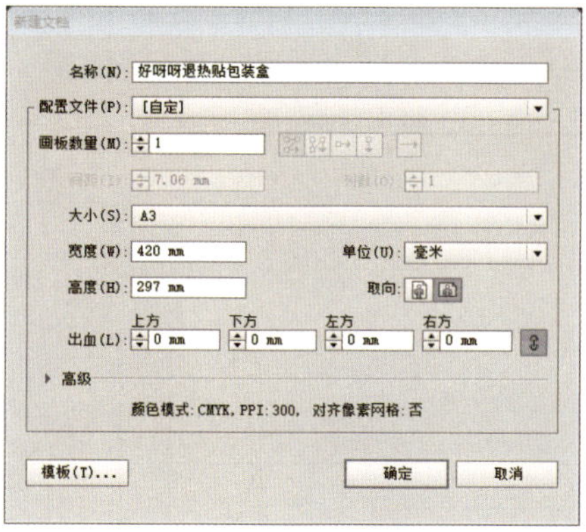

图 2-3-27　新建文档

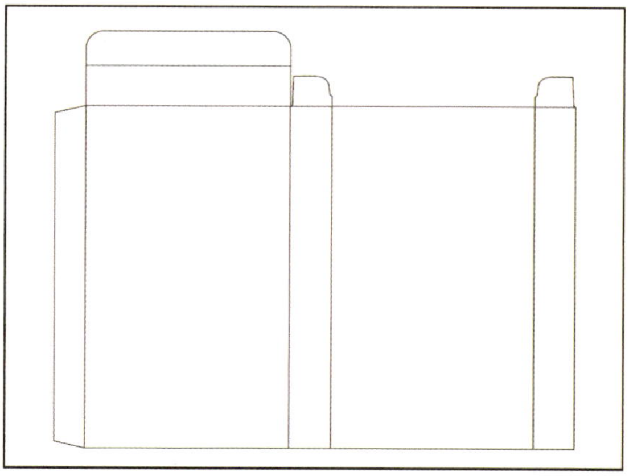

图 2-3-28　绘制基本结构

（3）由于该产品的售卖要求，在顶部插舌的旁边添加了悬挂部分结构的设计，根据效果图将悬挂部分的结构制作出来。顶部悬挂结构要保持稳定的悬挂效果，因此其双层挂片的高度不能一致，上半部矩形的高度为 28mm，下半部矩形的高度为 24mm，之间相差的 4mm 则会嵌入盒体中，以保证悬挂片的牢固。同时，在悬挂片上使用“圆角矩形 + 圆形工具”，制作出悬挂孔，并采用头对头的方式分布在两个悬挂片上，需要注意的是上下方相对的两个悬挂孔与中线距离必须相同，否则会在折叠后无法对齐，导致悬挂孔错位，如图 2-3-29 和图 2-3-30 所示。

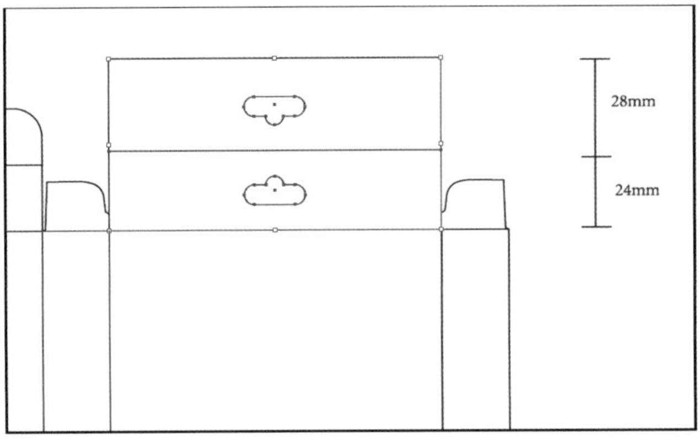

图 2-3-29 悬挂片高度

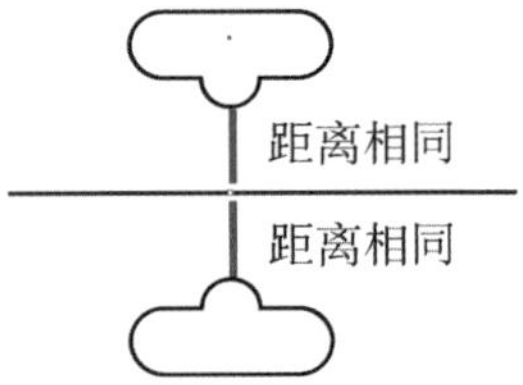

图 2-3-30 悬挂打孔位置图

（4）为 4 个主要面添加中部参考线，同时制作出底部基础结构，如图 2-3-31 所示。

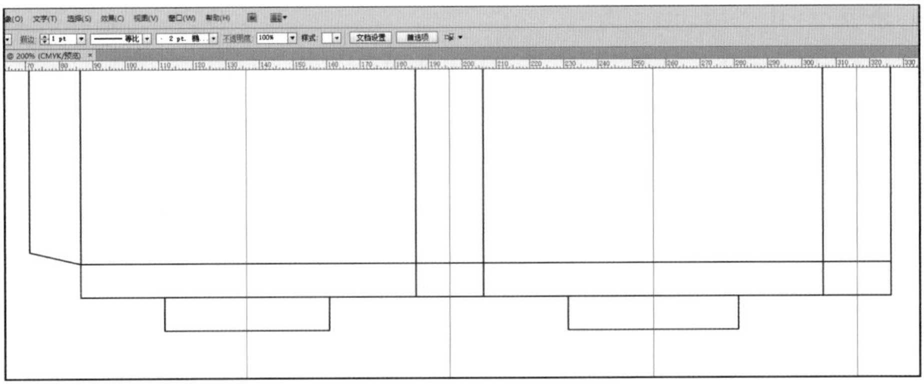

图 2-3-31 添加参考线

（5）完成底部插底结构的绘制，如图 2-3-32 所示。

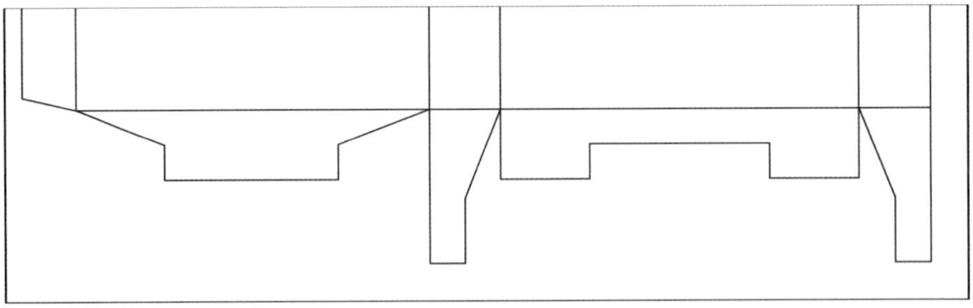

图 2-3-32 插底结构

（6）合并各面并添加关键部位折叠虚线，至此电子模切图制作完成，如图 2-3-33 所示。下一步开始设计制作印刷图。

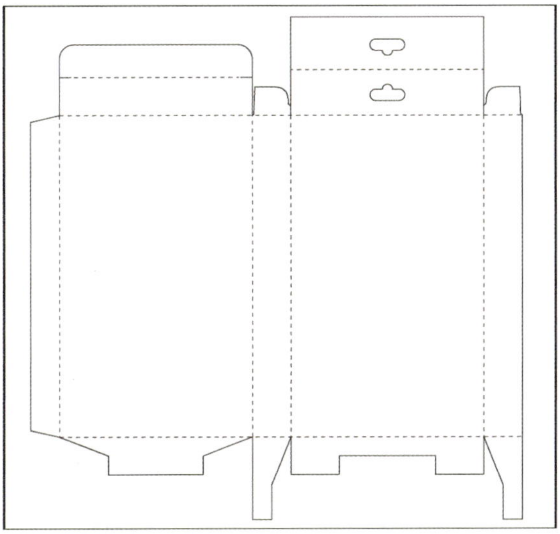

图 2-3-33　电子模切图制作完成

核心步骤 2：电子印刷图的制作。

（1）新建图层，始终保持电子模切图层在顶端；在新建图层上参照模切图绘制底色，色彩数值为（C100 M100 Y25 K25），边缘出血 3mm，如图 2-3-34 所示。

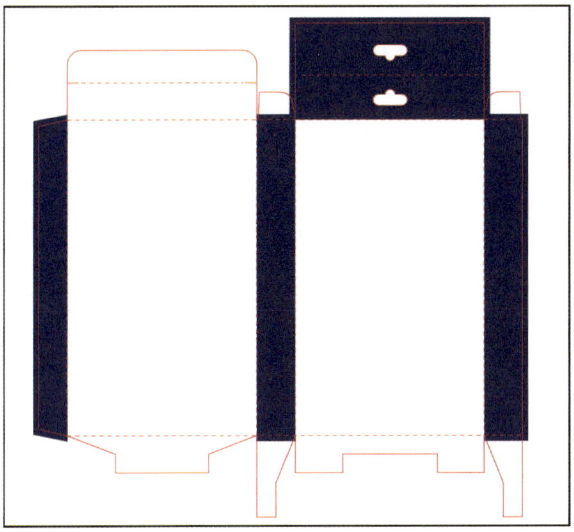

图 2-3-34　添加底色

（2）绘制“退热贴”“8 小时长效降温”“物理降温 保护大脑”等核心展示元素，如图 2-3-35 所示。

1）输入“退热贴”，设置字色为“深蓝色（C100 M100 Y25 K25）”，字体为“粗圆简”，为文字创建轮廓，选中文字并执行“对象”→“路径”→“偏移路径”命令，如图 2-3-36 所示。

图 2-3-35　主要元素

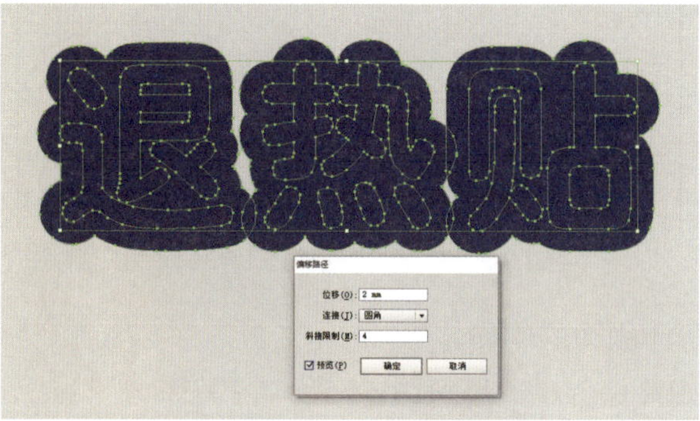

图 2-3-36　为文字创建轮廓

2）将偏移出来的图形设置填充色为“白色”，轮廓色为“深蓝色（C100 M100 Y25 K25）”，适当调整描边粗细，设置完成后执行“对象”→“路径”→“轮廓化描边”命令，将全部内容编组，如图 2-3-37 所示。

3）制作“8 小时长效降温”背景图形，使用“圆形工具”并添加适当描边绘制出空心圆，分割掉左下角一部分使其变为缺角中空圆形；使用“矩形工具”绘制矩形并删掉其中一个节点变为三角形；使用“路径查找器”面板中的“联集”命令将两个图形合为一体，同时添加半圆形浅蓝色底色，色彩数值为“浅蓝色（C24 Y6）”，如图 2-3-38 所示。

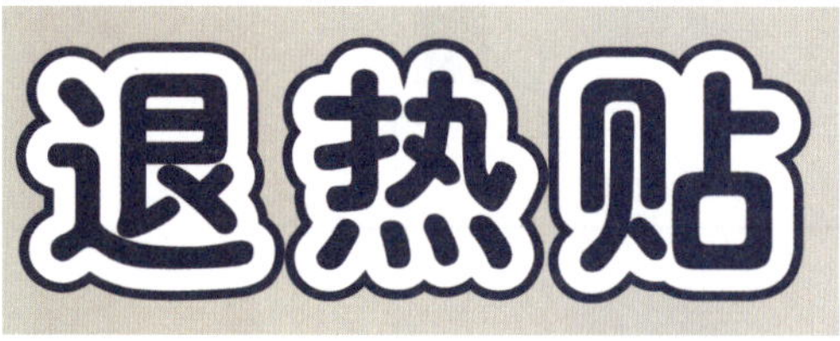

图 2-3-37　轮廓化描边

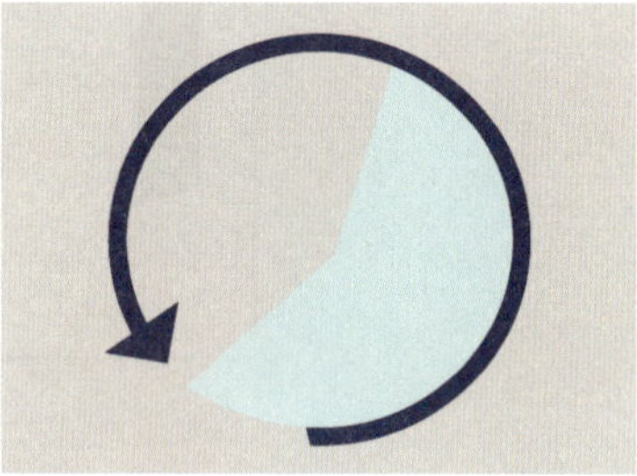

图 2-3-38　制作背景图形

4）使用与“退热贴”相同的制作方法制作“8”“小时”“长效降温”等辅助元素，如图 2-3-39 所示。

5）倾斜旋转并组合完成“8 小时长效降温”素材，使用相同的方法绘制另一组“8 小时长效降温”素材，如图 2-3-40 所示。

图 2-3-39　辅助元素

图 2-3-40　辅助元素

6）使用圆角矩形并从中间分割，为左右分别填充浅蓝色和深蓝色（数值与前述相同），并添加文字“物理降温”“保护大脑”，字体为“粗圆体”，适当调整字符间距并创建轮廓，如图 2-3-41 所示。

图 2-3-41　辅助元素

（3）将 Logo、辅助元素等内容添加到包装盒主要展示面及上方悬挂区域中，调整大小、方向和位置，如图 2-3-42 所示。

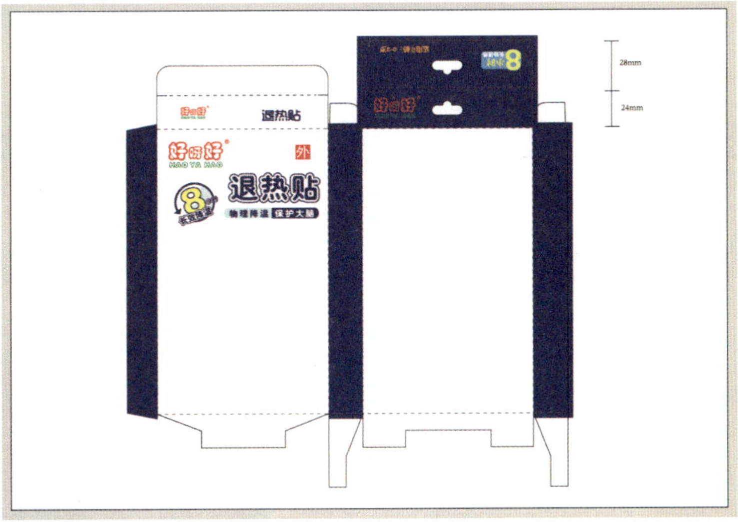

图 2-3-42　添加 Logo 及辅助元素

（4）使用素材“卡通儿童 .ai”进行主视觉画面图的制作。打开素材文件“卡通儿童 .ai”，为儿童笑脸图案添加白色轮廓，设置底纹透明度为 50%。绘制圆形，填充从蓝色到白色的中心向四周发散的径向渐变，蓝色数值为（C100 M80），将三者拼合摆好，进行编组，如图 2-3-43 所示。

图 2-3-43　径向渐变卡通儿童素材

（5）打开素材文件“其他素材 .ai”中的彩虹、热气球、云彩素材，将其复制到主文档中，如图 2-3-44 所示。

（6）将彩虹、热气球、云彩素材与制作好的径向渐变卡通儿童素材一起添加到主画面中，调整上下图层关系及大小和位置，如图 2-3-45 所示。

图 2-3-44　其他素材

图 2-3-45　添加素材到主画面

（7）为侧面及背面添加产品广告文字、环保符号、外用药品符号等辅助元素，广告文字字体为“粗圆体”，参考字号为 24pt，如图 2-3-46 所示。

图 2-3-46　添加辅助元素

（8）为包装盒背面添加产品使用说明书文字，字体为“幼圆”，参考字号为 8pt，如图 2-3-47 所示。

（9）打开 CorelDRAW（或其他可以生成条形码的软件），使用其中的“插入条形码”命令进行包装条形码的制作。行业标准格式选择 EAN-13，输入条形码的前 12 位数字，单击“下一步”按钮直至完成，如图 2-3-48 所示。将条形码另存为 .eps 格式并拖拽到包装盒主文档中。需要注意的是，条形码的大小不得随意更改，如需改变颜色，要考虑明暗反差，对比度过低的条形码可能会导致扫码枪无法识别。

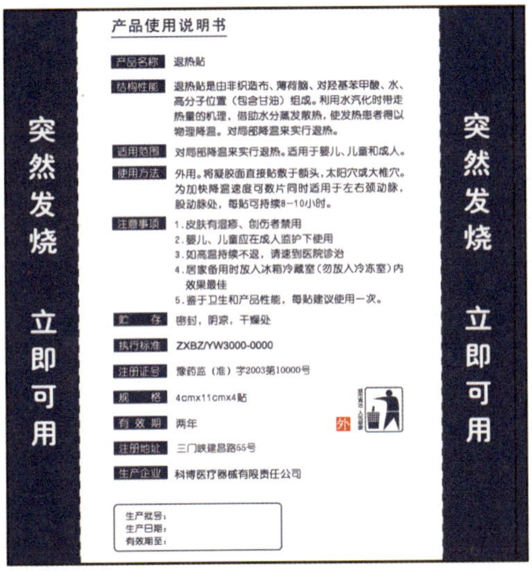

图 2-3-47　添加产品使用说明书文字

图 2-3-48　制作条形码

（10）调整包装盒整体内容，校对文字有无错字，检查所有色彩、图像是否准确，最后将所有文字创建轮廓，完成包装盒制作并保存，如图 2-3-49 所示。

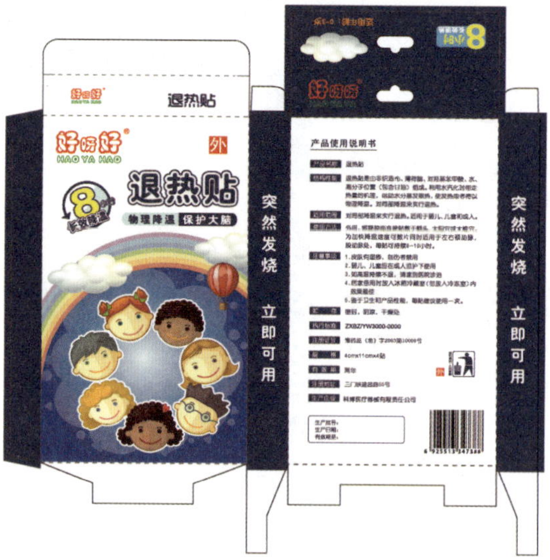

图 2-3-49 包装盒效果

核心步骤 3：校稿与转曲。

（1）检查有无错别字，字体字号是否准确，确保英文和数字都使用英文字体。

（2）检查印前出血数值，校正 CMYK 颜色数值。

（3）检查链接图像（判断是否有链接图像及是否需要嵌入）。

（4）将所有文字转曲（创建轮廓）。

【知识拓展】

关于商品条形码

商品条形码是 ANCC 系统（全球统一标识系统）的一个重要组成部分，是 ANCC 系统发展的基础，主要用于对零售商品、非零售商品及物流单元的条码标识。商品条形码主要类型有 EAN-13/8、UPC-A/E、ITF 14、EAN/UCC 128 等。市场上最常见到的条形码为 EAN-13，它由 13 位数字组成。其中，前 3 位码为前缀码，又称国家代码，由国际物品编码协会分配；第 4 位至第 7 位码为厂商代码，由所在国家或地区编码组织分配；第 8 位至第 12 位码为商品代码，由所属企业自行分配；最后一位为校验码，由标准算法自动计算得出，如图 2-3-50 所示。

图 2-3-50 商品条形码数字段含义

【任务小结】

本任务设计制作的是进阶盒型，它是行业内使用率很高的包装盒结构，采用面向固定成品效果的仿真制作方式进行教学，使学生在了解企业背景和项目渊源的前提下进行目标明确的针对性的训练，从而保证下一项教学活动的顺利开展。

【考核评价】

评分项目	评分标准	参考分值	备注	得分
电子模切图	各部位尺寸准确、无误差	20		
	插舌、防尘翼、粘口、锁扣等部位结构合理得当	15		
电子印刷图	色彩模式正确，数值准确无误	15	CMYK 模式	
	元素齐全无缺失，链接图像已嵌入文档或随文档同步保存	20		
印前工艺	出血值准确，如有特殊印刷工艺则单独标注矢量版（烫金银 /UV/ 压印等）	10	出血值 3mm	
校稿	错别字及符号检查，英文和数字字体检查	20		

任务 3　纸质手提袋设计制作

【任务描述】

（1）任务主题：天津市南市食品街宣传手提袋设计制作。

（2）任务背景：天津市南市食品街建成于 1984 年，高数丈的灰色围墙把食品街围成一个正方形，城内十字交叉的两条大街将食品街分割为 4 个分区，沿街设有上下三层店铺。第一层为地方特色食品及风味小吃，第二层由环绕全街的平台式回廊相贯通。4 个门楼为仿清式古建筑，高 24.5 米，宽 16 米。门楼屋顶为重檐殿式木结构。8 个飞檐翼角外观一致，翼角头上装有琉璃瓦套兽、戗兽和龙、凤、狮、仙人走兽。绿色琉璃瓦屋面，正脊的两头安有两个吻兽。屋檐下的额枋、垫板、梁枋上绘有金碧彩画。

4 个门楼上各有一块门匾，南为“振羽”门，西为“兴歌”门，北为“中圣”门，东为“华腴”门，4 个门的字首连起来为“振兴中华”。门匾字体摘选自书法家颜真卿、柳公权、欧阳询、赵孟頫，各门楼名称的含义是“振兴迎宾”“兴歌起舞”“中圣醉酒”“华腴美味”。正中间有一拱形门洞，门洞上有宽 1.7 米、长 6.2 米的匾额，刻有“南市食品街”五个大字，系拼接晋代大书法家王羲之手迹而成。

（3）产品介绍：南市食品街宣传用手提袋，内装物一般为 A4 或大 16 开尺寸印刷资料或样册，不作为承装食品或包装盒使用，穿孔绳使用粗棉质绳，整体风格要求色彩以中性灰为主，高雅大气，突出南市食品街品牌形象和中式风格。

（4）生产单位：天津市南市食品街。

（5）产品用途：宣传用手提袋。

【任务要求】

按照参考图进行电子模切图及印刷图仿真制作，具体要求如下：

（1）制作尺寸：L300mm×W80mm×H400mm（成品）。

（2）辅助尺寸：糊头（粘口）宽 30mm，顶部下翻高 50mm，单侧底部高 60mm。

（3）交付格式：电子源文件（.psd/.ai/.cdr）+ 预览图（.jpg）。

（4）命名方式：电子文件命名为“班级 + 学号 + 姓名”。

（5）印前处理：出血 5mm，文字创建轮廓，链接图像嵌入。

参考图如图 2-3-51 所示。

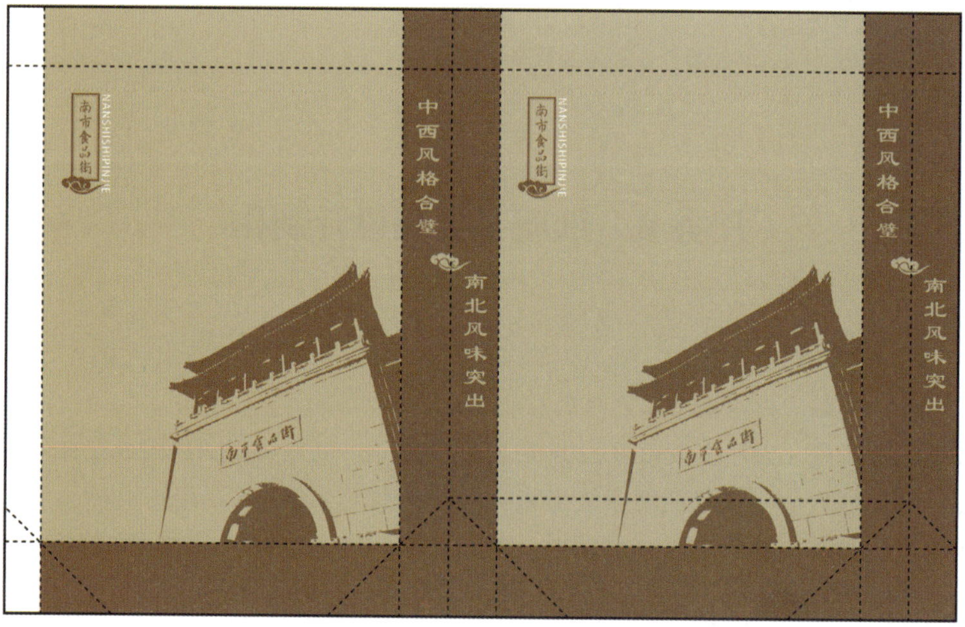

图 2-3-51　南市食品街手提袋参考图

【知识链接】

手提袋是日常使用比较频繁的包装制品之一，其分类多种多样，从具体形式来划分，可分为广告型手提袋、礼品型手提袋、装饰型手提袋、纪念型手提袋、简易型手提袋等。其所用材料主要为纸张，手提袋印刷的纸张可选用 200g 的铜版纸。如需与较重的包装品配套，可选用 250g、300g 或以上的卡纸进行印刷。如选用铜版纸或卡纸印刷手提袋，一般需要覆膜来增加其强度。此外，白牛皮纸由于其韧性强、使用环保，最近越来越多地被应用在手提袋印刷制作上，通常可选用 120g 或 140g 的白色或黄色牛皮纸，如图 2-3-52 所示。

图 2-3-52　手提袋效果图

1. 手提袋尺寸的确定

手提袋的尺寸通常情况下是随着内装物的尺寸而定的，手提袋的容积规格与实际容纳的物品的体积紧密相关，太大浪费纸张材料，太小不便于装盛，也不好拿取。在纸张印刷面积允许的情况下，一般竖长的物品采用竖装，如图 2-3-53 所示，如酒包装手提袋、烟包装手提袋等，而横向手提袋通常内装物都为适合尺寸的礼盒或包装盒。首先确定内装物数量与安放的方式，计算好内装物品的最大尺寸，然后开始确定手提袋的尺寸，一般情况下手提袋的长度要比内装物的长度放长 10mm 左右，宽度方向放宽 5mm 左右。对于内装物不固定的广告型、纪念型手提袋（如用来承装会议用品或资料图册等），可使用符合纸张开型的手提袋尺寸 300mm×400mm×80mm，这种尺寸的手提袋可以承装 A4 纸或大 16 开尺寸的打印、复印资料及图册，并可以完整装入以 A4 尺寸为基准设计的各类文件袋、档案袋等，可以满足各类会议、培训、广告宣传活动的需要。

图 2-3-53　手提袋效果图

2. 手提袋的结构图

手提袋通常使用整张纸进行印刷、压痕、折叠，再通过粘贴、打孔、穿绳等印后加工工艺使其成型。手提袋外观尺寸确定后就可以开始制作模切图了，通常来说模切图都是在图文设计之前先行制作，完成后再进行图文排版设计，否则一旦模切结构有变，其印刷图就要随之变动。手提袋结构如图 2-3-54 所示。

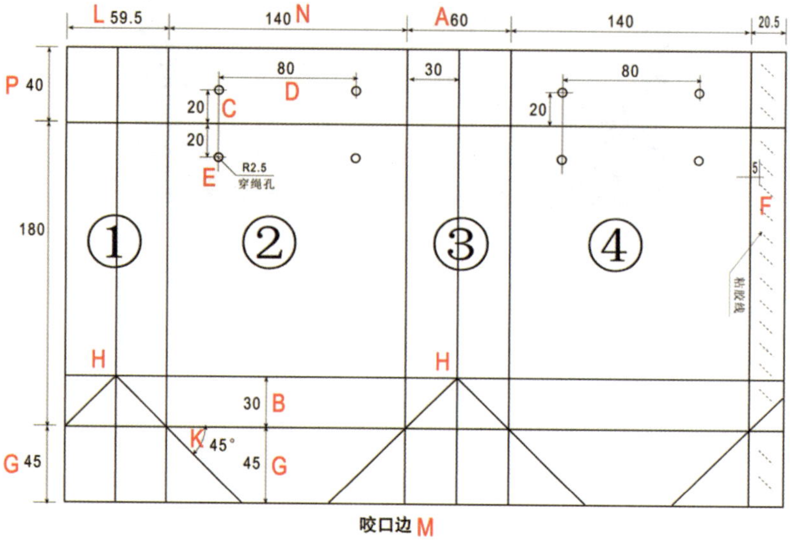

图 2-3-54 手提袋结构

（1）①②③④四个面是先要确定尺寸的，一般来讲①面的宽度 L 比③面的宽度 A 要小 0.5 ～ 1mm，是为了粘手提袋后便于内折，同时粘贴面处内缩，可防止边缘靠近折痕而粘贴不紧。

（2）根据③的宽度 A 可确定正反面折痕处离下端的距离 B，因为 K 处角度为 45°，所以 B 处距离为 A 处宽度的一半。

（3）手提袋底部单边纸张的宽度 G 一般来讲是 B 处的 1.5 倍，主要是保证粘胶的牢度，这个距离可根据实际印刷纸张的大小进行调整，不影响手提袋外观尺寸，但至少要大于③处宽度 A 的一半，否则两边无法粘贴到一起，同时要小于 A 的宽度。

（4）B 的高度为手提袋成型后的折痕，此处通常为 A 的一半。

（5）粘口 F 处的宽度通常为 20mm，但需注意同时要小于 A 的一半。粘口处有粘胶线，必须要标明。粘口处的出血部位 3 ～ 5mm，粘胶线要避开，可根据纸张宽度适当缩小。

（6）手提袋上面反折部分 P 的高度一般为 30 ～ 40mm，至少是要大于穿绳孔边缘距离 5mm 以上。

（7）穿绳孔距上端边缘的距离 E 一般为 20 ～ 25mm，没有固定限制，打孔处必须避开关键图文部分，以免影响外观。两穿绳孔之间的距离 D 一般为手提袋宽度的 2/3，打孔直径通常为 2.5mm。

（8）可以在绘制模切图的同时注明纸张的克重或厚度，帮助刀版厂确定刀和线的高度，制作手提袋的纸张一般为 250 ～ 300g 的卡纸，250g 的白卡纸的厚度一般为 0.31mm 左右，300g 的白卡纸一般为 0.4mm 左右。

【任务实施】

核心步骤 1：电子模切图的制作。

（1）根据既定尺寸计算手提袋展开图横向总宽度和纵向总高度：横向总宽度 =300×2+80×2+30=790，纵向总高度 =400+50+60=510。此尺寸超出常见画板打印尺寸（A4/A3），可忽略画板，在工作区任意位置进行模切图制作。启动 Illustrator，新建任意尺寸文件，在画板旁边的灰色工作区域中，根据每个单面的给定尺寸绘制出手提袋的 4 个主要面，并将各个单面的边缘无缝贴合对齐，如图 2-3-55 所示。

图 2-3-55　绘制基本结构

（2）按照要求和比例，将上口下翻（双层打孔处）位置和底部及侧面粘口绘制出来。由于该手提袋的尺寸较大，未来印刷纸张也较厚，因此粘口位置宽度预留为 30mm，如图 2-3-56 所示。

图 2-3-56　绘制双层打孔处和底部及侧面粘口

（3）使用“路径查找器”面板中的“联集”命令将所有单面图形相加为整体，形成手提袋外轮廓整体图形，注意检查各个关键位置的锚点是否存在，这是下一步画压痕折线的重要依据，如图 2-3-57 所示。

图 2-3-57 手提袋外轮廓

（4）绘制内部折痕虚线，使用“直线工具”在“描边”面板中设置为虚线，将手提袋内部的折痕线标注清晰，特别注意底部的等腰三角形折痕要标注准确，如图 2-3-58 所示。

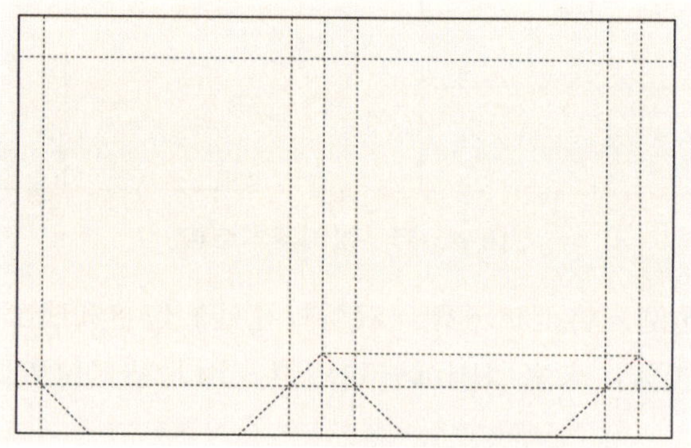

图 2-3-58 绘制内部折痕虚线

（5）按照标准将打孔位置作出标记并将所有图形编组，如图 2-3-59 所示，至此模切图绘制完成。下一步将在此基础上进行印刷图的设计制作。

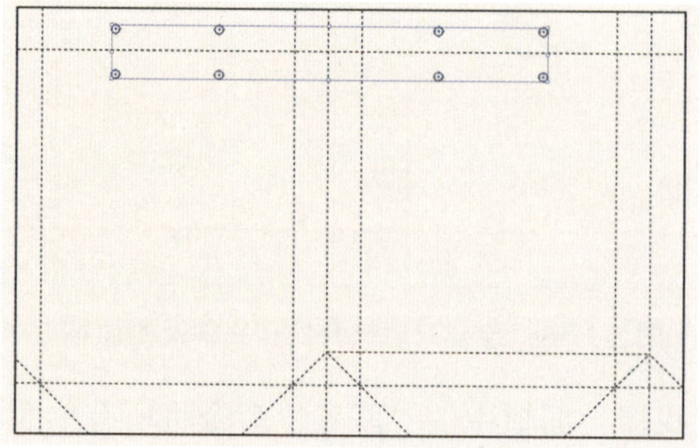

图 2-3-59 手提袋模切图

核心步骤 2：电子印刷图的制作。

（1）在素材文件夹中任选一张南市食品街实景照片，用 Photoshop 软件打开，执行“图像”→“调整”→“去色”命令，将其处理为单色图，如图 2-3-60 所示。

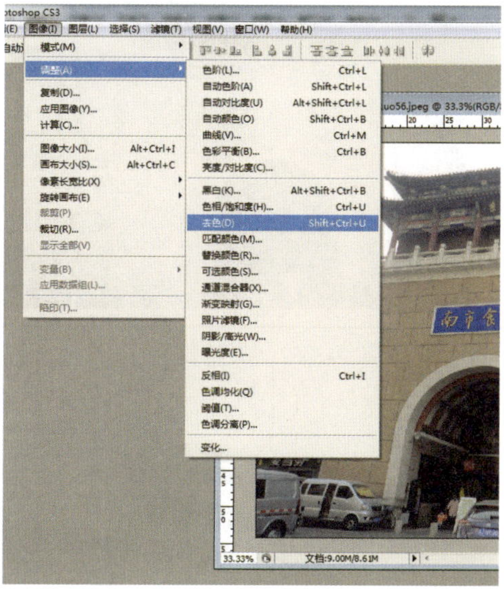

图 2-3-60　处理素材 1

（2）执行“图像”→“调整”→“色阶”命令，调整三角形滑块，将单色图的黑白关系拉开，并将其保存为“素材 .psd”，如图 2-3-61 所示。

图 2-3-61　处理素材 2

（3）启动 Illustrator 软件，新建文档，将“素材 .psd”文件置入 Illustrator 当前文档中，单击选项栏中的“实时描摹”按钮对像素图进行矢量化描摹，如图 2-3-62 所示。

（4）矢量化描摹后进行路径的筛选和清理，去掉白色的底色，保留黑色的矢量图，处理路径和节点，将无关的散乱路径及游离点删除，如图 2-3-63 所示。

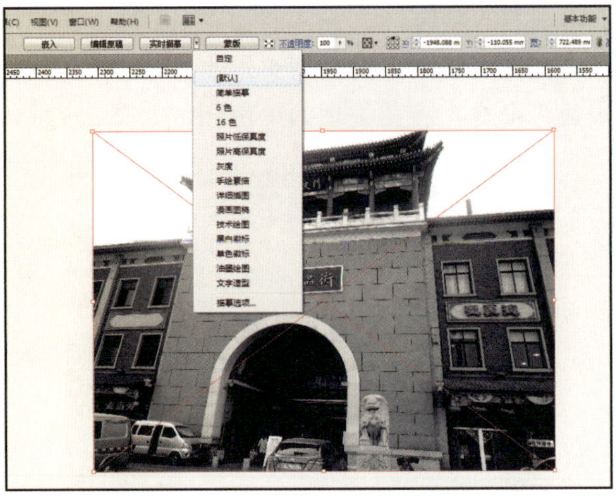

图 2-3-62　矢量化图像

图 2-3-63　路径筛选和清理

（5）根据所需形状再次进行路径与节点的添加、合并、调整、优化、处理，填充主色调，得到南市食品街主图形矢量素材，如图 2-3-64 所示。

图 2-3-64　主图形矢量素材

（6）根据需要绘制南市食品街标题、广告语、辅助图形素材并填充相应颜色，得到辅助图形矢量素材，如图 2-3-65 所示。

图 2-3-65　辅助图形矢量素材

（7）在图层 1（模切图层）下方建立图层 3，锁定图层 1。绘制同色系底色，增加出血尺寸为 5mm（注：出血尺寸要随纸张厚度进行调整，手提袋的印刷纸张较厚，因此出血尺寸增加到 5mm），如图 2-3-66 所示。

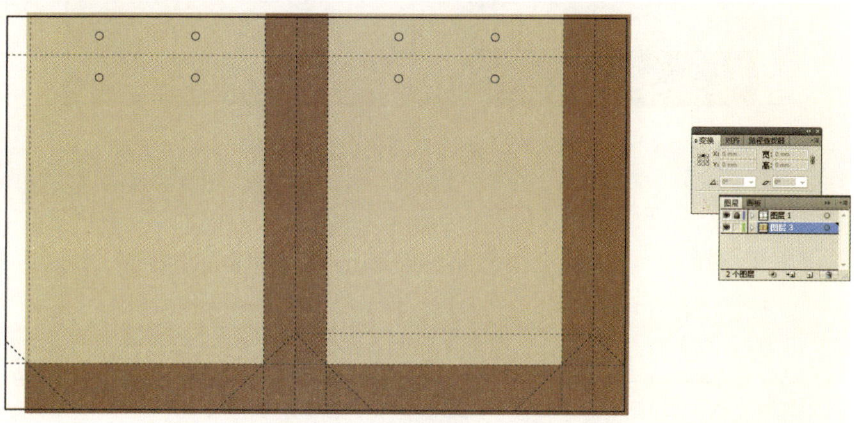

图 2-3-66　新建图层并调整

（8）在图层 1 和图层 3 之间新建图层 2，锁定图层 1 和图层 3，将之前处理好的主图形素材添加到当前层主画面中位于纵向黄金分割线的位置，压住右下角并进行尺寸的微调，如图 2-3-67 所示。

图 2-3-67　添加主图形素材

（9）在图层 2 中添加辅助素材到侧面副画面中并进行字体、字号和形状尺寸的调整，其中中文广告标语使用隶书字体，如图 2-3-68 所示。

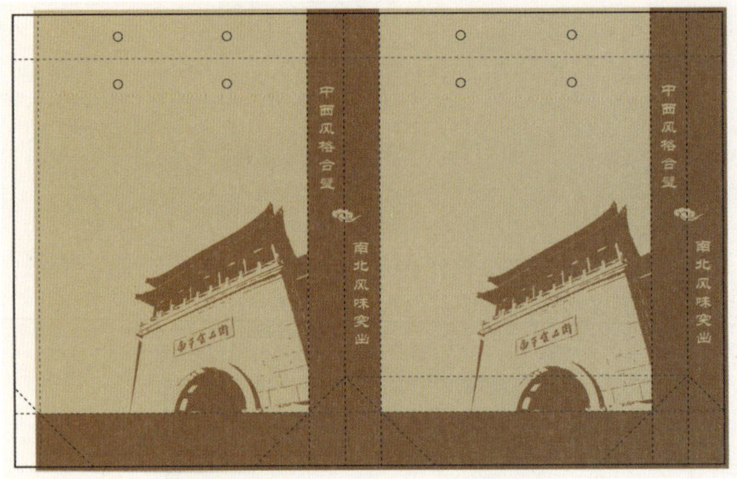

图 2-3-68　添加辅助素材到副画面

（10）在图层 2 中添加辅助素材到主画面中并进行字体、字号、颜色、尺寸的调整，其中拼音字母所用字体为 Arial。检查出血位置和出血尺寸是否准确，校验文字是否有错字、丢字情况，如图 2-3-69 所示。

图 2-3-69　添加辅助元素到主画面

（11）将图层 2 中所有的内容选中，执行“文字”→“创建轮廓”命令，将文字转换为图形，如图 2-3-70 所示。

（12）保存源文件“南市食品街手提袋 .ai”，执行“文件”→“导出”命令导出手提袋预览图“南市食品街手提袋 .jpg”，在“JPEG 选项”对话框中设置“颜色模型”为 RGB 并酌情选择适合的分辨率，如图 2-3-71 所示，至此手提袋印刷图绘制完成。

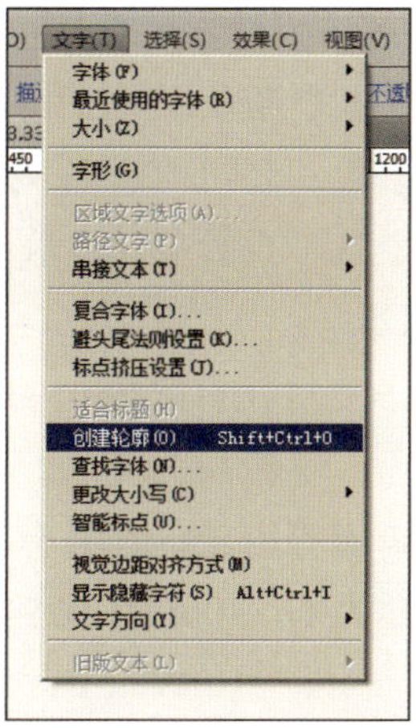

图 2-3-70　文字转换为图形

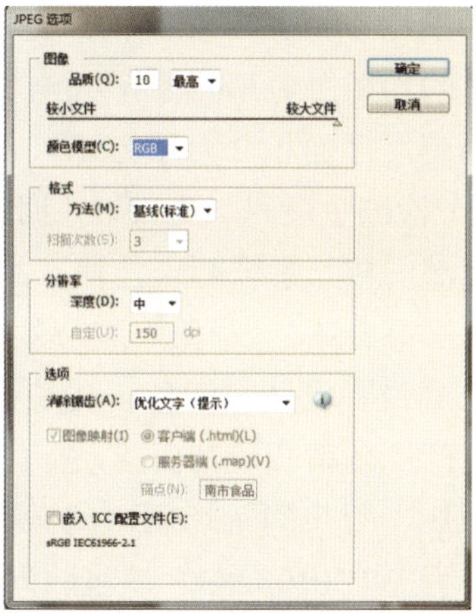

图 2-3-71　“JPEG 选项”对话框

【任务小结】

本任务设计制作的手提袋是生活、工作中经常见到的物品，可以广泛用于携带商品、商务洽谈、会议资料承装发放等，采用面向固定成品效果的仿真制作方式进行教学，使学生在了解企业背景和项目渊源的前提下进行目标明确的针对性训练，为后面的实战项目奠定基础。

手提袋主要制作步骤

【考核评价】

评分项目	评分标准	参考分值	备注	得分
电子模切图	各部位尺寸准确、无误差	20		
	插舌、防尘翼、粘口、锁扣等部位结构合理得当	15		
电子印刷图	色彩模式正确，数值准确无误	15	CMYK 模式	
	元素齐全无缺失，链接图像已嵌入文档或随文档同步保存	20		
印前工艺	出血值准确，如有特殊印刷工艺单独标注矢量版（烫金银 /UV/ 压印等）	10	出血值 3mm	
校稿	错别字及符号检查，英文和数字字体检查	20		

任务 4　包装设计拓展实战

【任务描述】

（1）任务主题：以“华美”牌特效灭蚊蝇王蚊香包装盒为蓝本进行同产品自创设计。

（2）任务背景：山东华美日化有限公司是专业生产精细化工类产品的企业，坐落于风景秀丽的山东冠县工业园内。自创办以来，“华美”品牌凭着过硬的质量、合理的价格、及时的售后服务赢得了广大消费者的信任，企业自身也不断壮大，到目前为止已发展成为拥有厂区面积 2 万平方米，员工人数二百余人的企业，公司内设备精良、设施完善，管理、检测手段科学先进，并拥有优秀的管理及检测团队。企管部、技术部、检验部、实验室等部门相互紧密配合，使产品质量达到国内领先水平。

（3）产品介绍：“华美”牌特效灭蚊蝇王蚊香是山东华美日化有限公司的新产品，国内首创立式蚊香设计，避免了传统盘式蚊香带来的难拆开、易断裂的弊端。本产品采用现代化生产工艺精心研制而成，能有效杀灭蚊子、苍蝇、蟑螂等害虫，适用于居室、野营、宾馆、饭店、卫生间等场所，属微毒高效产品，执行标准为 Q/3700SHH022-2010，农药登记证号为 WP20100283。该包装为 30 支蚊香容量。

【任务要求】

参考样图，以“华美”牌特效灭蚊蝇王蚊香包装盒为蓝本自行设计一款其他品牌相同产品包装盒，品牌名称、生产厂家等基本信息自拟，盒型不限，新设计内容需自行设计 Logo 或用示意图代替，条形码用示意区域代替。设计稿不得与样图相同，也不可使用样图的品牌、商标、生产厂家等信息；样图仅为参考，具体内容可自拟或按指导教师要求操作，所设计的包装盒要进一步突出产品主题与特征。

（1）制作尺寸：340mm×55mm×15mm（成品）。

（2）辅助尺寸：糊头（粘口）15mm，插舌 15mm，防尘翼 18mm。

（3）交付格式：电子源文件（.psd/.ai/.cdr）+ 预览图（.jpg）。

（4）命名方式：电子文件命名为“班级 + 学号 + 姓名”。

原包装模切图和印刷图如图 2-3-72 所示。

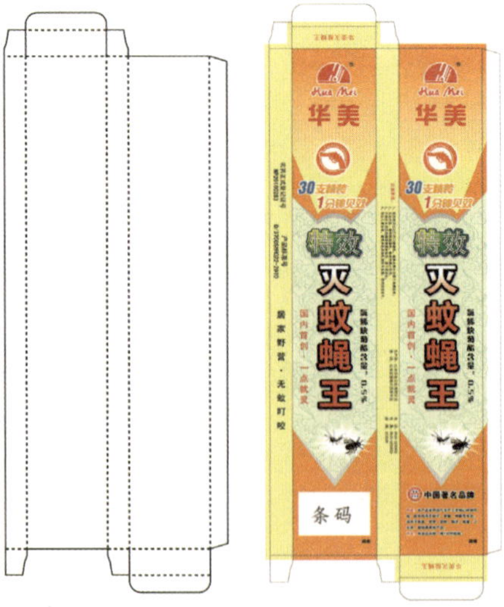

图 2-3-72　华美蚊香模切图和印刷图

【任务小结】

实战型拓展项目能有效地考查学生对前述内容的掌握情况，同时配以真实的任务要求，给出一定范围的自我发挥空间，加之版式、色彩、内容、结构等多元化的创意设计，使学生将所学技能与自我意识相结合，进而依照主题要求设计出成品。这也是学生从模仿升级到真题实做的一个有效的必经过程。任务设计完成后可根据教师要求填写“项目实训报告书”，如图 2-3-73 所示。

天津职业大学“平面设计与制作”课程项目实训报告书

202　—202　学年度第　　学期

<table>
<tr><td>姓名</td><td></td><td>学号</td><td></td><td>专业</td><td></td><td>班级</td><td></td></tr>
<tr><td>实训项目</td><td colspan="4"></td><td>指导教师</td><td colspan="2"></td></tr>
<tr><td>任务</td><td colspan="4"></td><td>实训地点</td><td colspan="2"></td></tr>
<tr><td>主要设备</td><td colspan="4"></td><td>实训时间</td><td colspan="2"></td></tr>
<tr><td>项目来源与背景</td><td colspan="4"></td><td>项目类型</td><td colspan="2">☐ 仿真　☐ 实战</td></tr>
<tr><td>设计说明</td><td colspan="7"></td></tr>
<tr><td rowspan="5">主要设计元素明细</td><td colspan="7">使用字体明细：</td></tr>
<tr><td colspan="7">软件平台及版本：</td></tr>
<tr><td colspan="7">主要 CMYK 色彩数值：</td></tr>
<tr><td colspan="7">链接图像数量：_______ 个；是否嵌入：☐ 是　☐ 否　☐ 个别嵌入，数量：_______</td></tr>
<tr><td colspan="7">文字是否转曲：　☐ 未转曲　☐ 已转曲并保存原始文件</td></tr>
<tr><td>项目制作体会</td><td colspan="7"></td></tr>
<tr><td>教师评语</td><td colspan="7">得分：　　　　教师签字：</td></tr>
</table>

图 2-3-73　项目实训报告书

【考核评价】

评分项目	评分标准	参考分值	备注	得分
电子模切图	各部位尺寸准确、无误差	20		
	插舌、防尘翼、粘口、锁扣等部位结构合理得当	15		
电子印刷图	色彩模式正确，数值准确无误	15	CMYK 模式	
	元素齐全无缺失，链接图像已嵌入文档或随文档同步保存	20		
印前工艺	出血值准确，如有特殊印刷工艺单独标注矢量版（烫金银 /UV/ 压印等）	10	出血值 3mm	
校稿	错别字及符号检查，英文和数字字体检查	20		

思考与练习

1. 搜索感兴趣的商品，观察并梳理其不同品牌相同产品包装设计之间的风格差异。
2. 观察纸质包装和塑料包装的印刷色叠加方式有何不同？
3. 制作烫金内容的电子版应使用矢量图还是像素图？

项目 4　装帧设计与制作

项目导读

通过对本项目的学习，学生可以理解装帧设计的基本概念，掌握常见书籍装帧的设计制作方法，明晰装帧设计所包含的理论和制作技术要点。本项目共包含 3 个任务，按照主题、软件平台、适用范围的不同而展开，任务完成后学生可以熟练掌握装帧设计的电子文件制作全过程，并熟知相关理论知识，在此基础上形成对装帧设计的统一思路，对如何制作书籍装帧项目有较为全面深入的认识。

教学目标

- 了解书籍装帧的基本结构及行业知识。
- 掌握使用计算机制图软件进行书籍装帧印刷稿设计制作的方法。
- 掌握装帧制作过程中的关键技术与拓展知识。

任务 1　书籍封皮装帧设计制作

【任务描述】

（1）任务主题：“中国旅游手册”书籍封皮装帧设计仿真制作。

（2）任务背景：中国旅游业在过去的二十多年中持续、健康、快速发展，取得了很大的进步和拓展，在国际旅游业的发展进程中留下了骄人的成绩。中国也随之成为世界上众多旅游者向往的主要旅游胜地和旅游目的地之一。在中国旅游业的发展进程中，旅行社做出了巨大的贡献，有着不可替代的“龙头”作用。近年来，旅游业已成为世界上发展势头强劲和全球经济规模巨大的产业之一，并被认为是颇具活力的朝阳产业。由于旅游业的经济效益好、发展速度快、牵引带动力强、产业关联度高、增加社会就业等明显优势，使得世界上许多国家和地区都把它作为支柱产业来扶持和培育。

关于旅游业操作程序及具体实务的书籍和资料在国内还比较匮乏，尤其是有关国内旅游业发展的专著更是寥寥无几。本书就来向旅游从业人员和旅游爱好者推荐国内的众多旅游胜地，使其在旅行出发之前能更加深入地了解各知名景区的文化与内涵。

【任务要求】

按照参考图进行书籍封皮印刷图仿真制作，具体要求如下：

（1）制作尺寸：W380mm×H260mm（封皮展开总尺寸），书脊宽度 10mm。

（2）软件平台：Illustrator、Photoshop。

（3）交付格式：电子源文件（.ai/.psd）+ 预览图（.jpg）。

（4）命名方式：电子文件命名为“班级 + 学号 + 姓名”。

（5）印前处理：出血 3mm，文字创建轮廓，链接图像嵌入。

（6）主要字体：黑体、华文行楷。

参考图如图 2-4-1 所示。

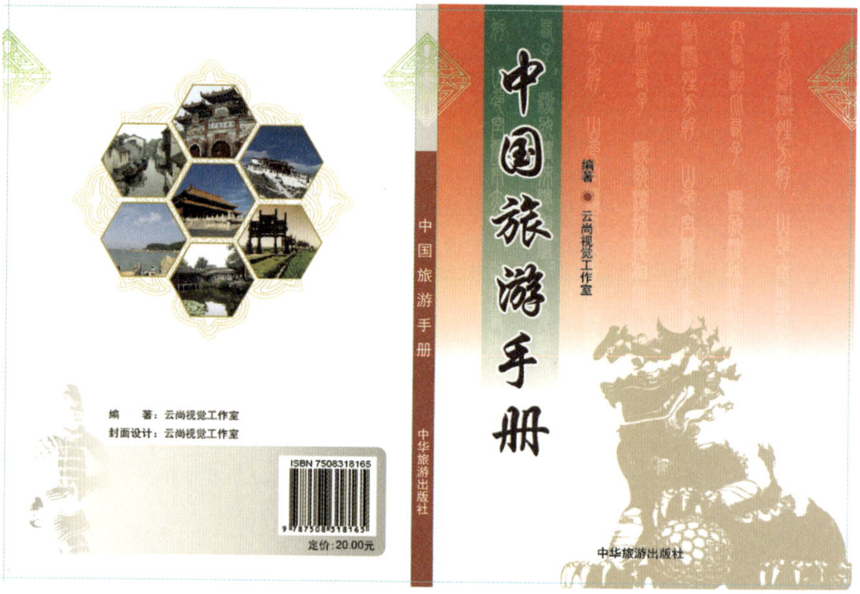

图 2-4-1　中国旅游手册封皮设计参考图

【知识链接】

1. 书籍装帧基本结构

书籍装帧是指书籍生产过程中的装潢设计工作，又称书籍艺术。它是在书籍生产过程中将材料和工艺、思想和艺术、外观和内容、局部和整体等组成和谐、美观的整体艺术。

书籍装帧设计是指书籍的整体设计。它包括的内容很多，其中封面设计、扉页设计和插图设计是其中的三大主体要素。书籍的整体结构主要由封面、封底、书脊、勒口、内页等组成，如图 2-4-2 所示。

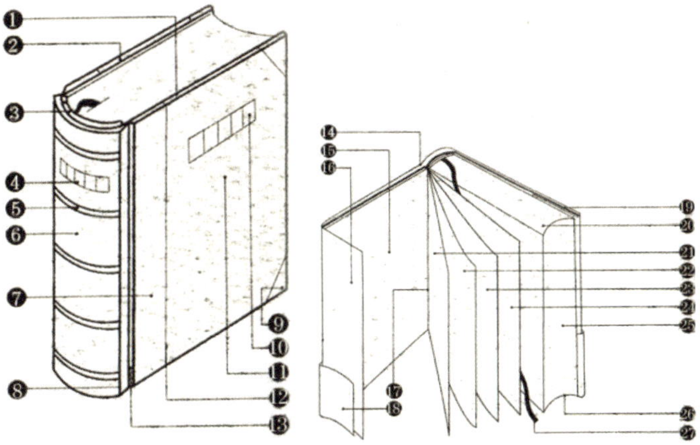

1—封面；2—封底；3—堵头布；4—书脊文字；5—起脊；6—书脊；7—封面出边；8—书耳；9—书角；10—封面书名；11—封面；12—出边切线；13—书槽；14—护封；15—环衬；16—勒口；17—订口；18—腰封（带）；19—内封（封面）；20—书顶（上切口）；21—环衬；22—夹衬；23—前扉；24—扉页；25—书口（外切口）；26—书根（下切口）；27—书签带

图 2-4-2　书籍结构及各部分名称

2. 中国历史上书籍装帧的主要形式

（1）古代书籍装帧形式。

1）简策。

中国的书籍形式是从简策开始的。简策始于商代（公元前 14 世纪），一直延续到后汉（公元 2 世纪），沿用时间很长。今天有关书籍的名词术语，以及书写格式和制作方式，也都是承袭简策时期形成的传统。

用竹做的书，古人称作“简策”；用木做的书，古人称为“版牍”。将大竹竿截断劈成细竹签，在竹签上写字，这根竹签叫作“简”，把许多简编连起来叫作“策”；把树木锯成段，剖成薄板，括平，写上字就为“牍”，如图 2-4-3 所示。

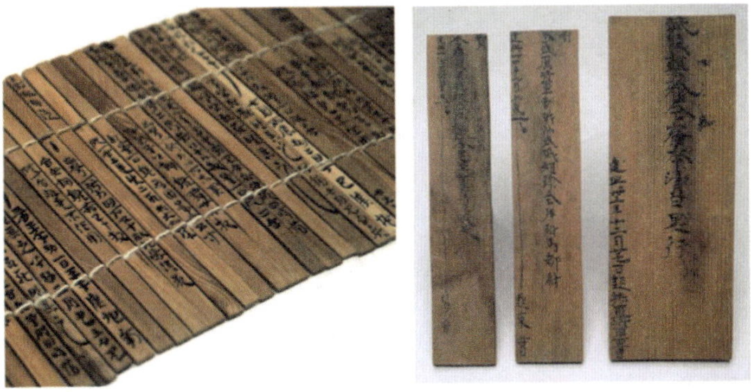

图 2-4-3　简策和版牍

2）卷轴装。

春秋时期，私人著作逐渐增多，对书便于携带的要求加强，于是出现了在丝织品上写的书。丝织品当时有帛、缣、素等，与今天的书画用绢大致相同。帛质轻，易折叠，书写方便，尺寸长短可根据文字的多少裁成一段，卷成一束，称为“一卷”。帛柔软轻便，携带和保藏都很方便，帛书的左端包一根细木棒做轴，从左向右卷起，成为一束，便为卷轴，卷口用签条标上书名。但帛造价昂贵，不利于广泛使用。自简牍和缣帛作为书写材料起，这种形式被书史学家认为是真正意义上的书籍，如图 2-4-4 所示。

图 2-4-4　帛书

造纸术和印刷术的发明为人类文明掀开了新的篇章，文字依附的材料渐为纸张所代替。纸书的最初形式是沿袭帛书的，依旧采用卷轴装。从装帧形式上看，卷轴装主要从卷、轴、镖、带 4 个部分进行装饰。“玉轴牙签，绢锦飘带”是对当时卷轴书籍的生动描绘。卷轴装的纸书从东汉一直沿用到宋初，如图 2-4-5 所示。

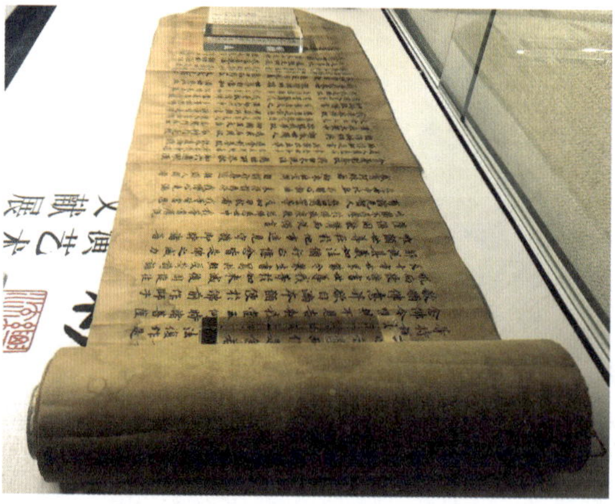

图 2-4-5　古卷轴书

3）经折装和旋风装。

经折装和旋风装产生于唐代后期，是从卷轴装到册页装的过渡形式。卷轴装的书，如果要查阅中间某一段，必须从头打开，舒卷、查阅都十分不便。这时，雕版印刷术已经发明，需要根据版的尺寸来确定页面的大小。于是，原来卷轴装中的长卷纸就被反复折叠，首尾粘在厚纸板上，裱上织物或色纸作为封面，这种形式被称为经折装，如图 2-4-6 所示。

图 2-4-6　经折装

旋风装是经折装的变形产物。用一张大纸对折起来，一半粘在书的最前面，另一半从书的右边包到背面，粘在末页。如果从第一页翻起，一直翻到最后，仍可接连翻到第一页，回环往复，不会间断，因此得名，如图 2-4-7 所示。

图 2-4-7　旋风装

4）蝴蝶装和线装。

印刷术的发明使书籍从卷轴形式转变到册页形式，册页是现代书籍的主要形式。蝴蝶装就是册页的最初形式，由于翻动时像蝴蝶展翅，因此得名。这种装帧方法避免了经折装和旋风装书页折痕处容易断裂的问题，得到了较大推广，如图 2-4-8 所示。蝴蝶装起始于五代，盛行于宋代，至元代逐渐衰落。

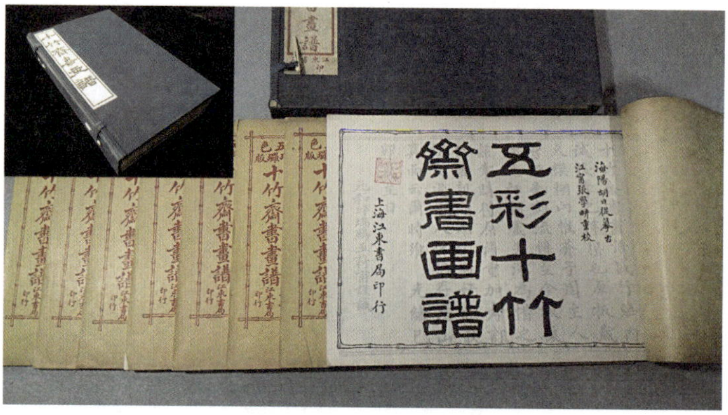

图 2-4-8　蝴蝶装古书

线装始于明代中叶盛行于清代。它不用整纸裹书，而是将前后分开为封面和封底，不包书脊，用刀将上下及书脊切齐，打孔穿线订成一册，如图 2-4-9 所示。一般用四眼订法，有的也使用六眼订法或八眼订法。线装书的结构为书衣、护页、书名页、序、凡例、目录、正文、附录、跋或后记，已经与现代书籍次序大致相同。

图 2-4-9　线装古书

由于蝴蝶装和线装的封面都是软面的，只能平放，不能直立，插架和携带都不方便，所以大多都采用在外面加函套来装盛书籍的方式，材料用硬纸板或木板等。

（2）近现代书籍装帧形式。

1）简装。

简装也称“平装”，是铅字印刷以后近现代书籍普遍采用的一种装帧形式。对于装订效果要求不高且不厚的书籍，可以采取“无线胶装”；要求高一些的精美书籍或印刷纸张稍厚及页数较多的书籍则可使用“锁线胶装”，如图 2-4-10 所示。由于基础篇中对此内容已有介绍，在此仅作任务链接内容提点，不再赘述。

对于一些更薄的册子，则可采用“骑马钉”的装订方式，如图 2-4-11 所示，适合普通书籍和手册采用。由于基础篇中对此内容已有介绍，在此仅作任务链接内容提点，不再赘述。

图 2-4-10　锁线胶装

图 2-4-11　骑马钉

2）精装。

精装书籍在清代已经出现，是西方的舶来方法。其最大的优点是护封坚固，起保护内页的作用，使书经久耐用。精装书的内页多为锁线订，书脊处还要粘贴一条布条，以便更牢固地连接和保护。书脊有平脊和圆脊之分，平脊多采用硬纸板作护封的里衬，形状平整；圆脊多用牛皮纸、革等较具韧性的材质作书脊的里衬，以便起弧。封面与书脊间还要压槽、起脊，以便打开封面。精装书印制精美，不易折损，便于长久使用和保存，如图 2-4-12 所示。

3）电子书籍。

电子书籍是现代利用电子数码技术，集文字、数字图像等电子信息于一体的网络数字书籍，特点是信息容量大、视听内容丰富、更新方便、可读性和传播性强。可以通过特定格式下载或者用电子书阅读器来阅读，如图 2-4-13 所示。

图 2-4-12　精装书

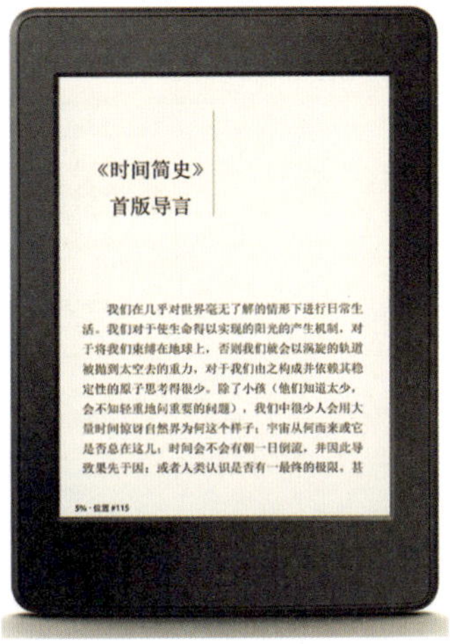

图 2-4-13　电子书籍

4）新媒体综合阅读资源服务平台。

新媒体综合阅读资源服务平台是利用新媒体视听及交互技术，集文字、数字图像、音视频、交互功能、综合服务等于一身的新型综合性交互阅读资源服务平台，包含了电子图书、素材资源、微课、视频、动画等综合数字资源，可以满足人们阅读、学习、互动、答题等快节奏、多维度参与的综合需求。

【任务实施】

（1）根据既定尺寸计算出封面、封底与书脊展开图横向总宽度和纵向总宽度：横向总宽度 =185mm×2+10mm=380mm，纵向总高度 =260mm。打开 Illustrator，新建文档，命名为“中国旅游手册”，“纸张大小”选择“自定”，宽度为 380mm，高度为 260mm，“出血”选择右侧的“链接”选项，即可使上方、下方、左方、右方的出血数值保持一致，分别填写 3mm，单击“确定”按钮，如图 2-4-14 所示，建立的出血效果如图 2-4-15 所示。

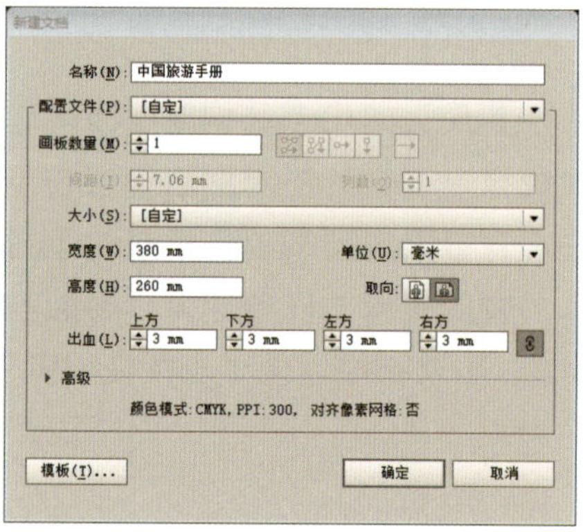

图 2-4-14　“新建文档”对话框设置

图 2-4-15　出血效果

（2）打开标尺：执行“视图”→“标尺”→“显示标尺”命令，如图 2-4-16 所示。

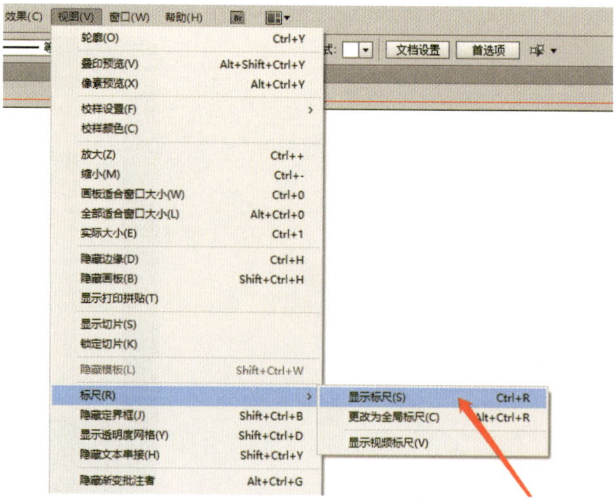

图 2-4-16　打开标尺

（3）建立参考线：鼠标按住不放从上标尺那里往下拉出 2 根横向参考线，分别对齐标尺的 0mm 和 260mm，再从左标尺那里往右拉出 4 根纵向参考线，分别对齐标尺的 0mm、185mm、195mm 和 380mm，如图 2-4-17 所示，将其保存为“中国旅游手册 .ai”。

图 2-4-17　建立参考线

（4）处理素材：将 Illustrator 最小化，再将“铜狮子 .jpg”实景图片用 Photoshop 软件打开，执行“图像”→“调整”→“去色”命令将其处理为单色图，如图 2-4-18 所示。

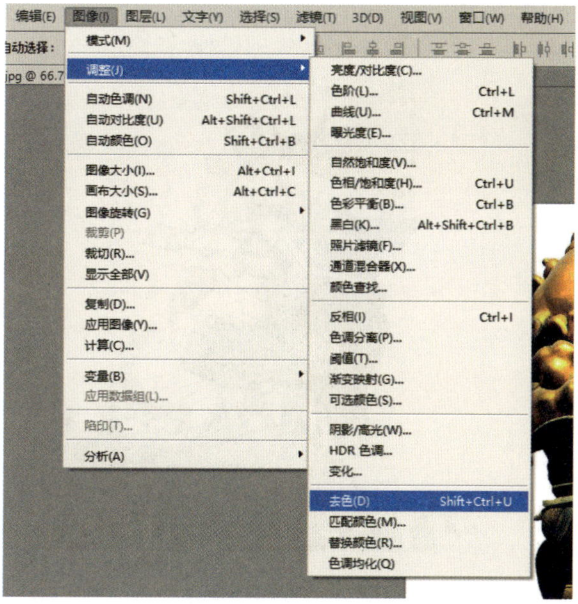

图 2-4-18　处理为单色图菜单操作

（5）执行“图像”→“调整”→“色阶”命令，拖动三角形滑块将单色图的黑白关系拉开，并将其保存为“铜狮子素材 .psd”，如图 2-4-19 所示。

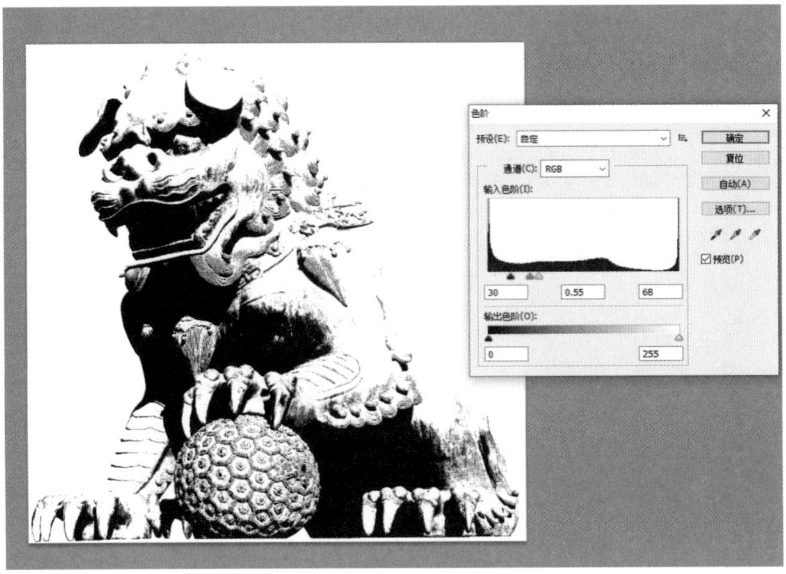

图 2-4-19　调整色阶

（6）还原 Illustrator 软件，新建文档，将“铜狮子素材 .psd”文件置入 Illustrator 的当前文档中，单击选项栏中的“实时描摹”按钮对像素图进行矢量化描摹，如图 2-4-20 所示。

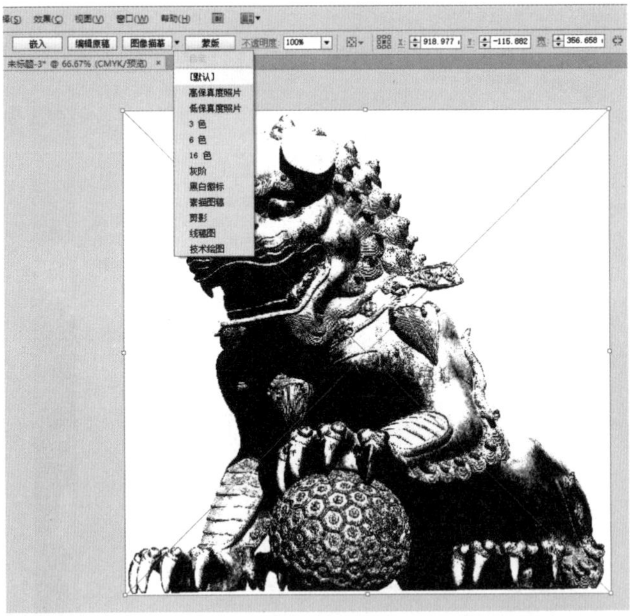

图 2-4-20　图像描摹

（7）矢量化描摹后进行路径的筛选和清理，单击选项栏中的“扩展”按钮，右击并选择“取消编组”，选中白色底图后执行“选择”→“相同”→“填充颜色”命令，按 Delete 键删除白色底色，如图 2-4-21 所示。

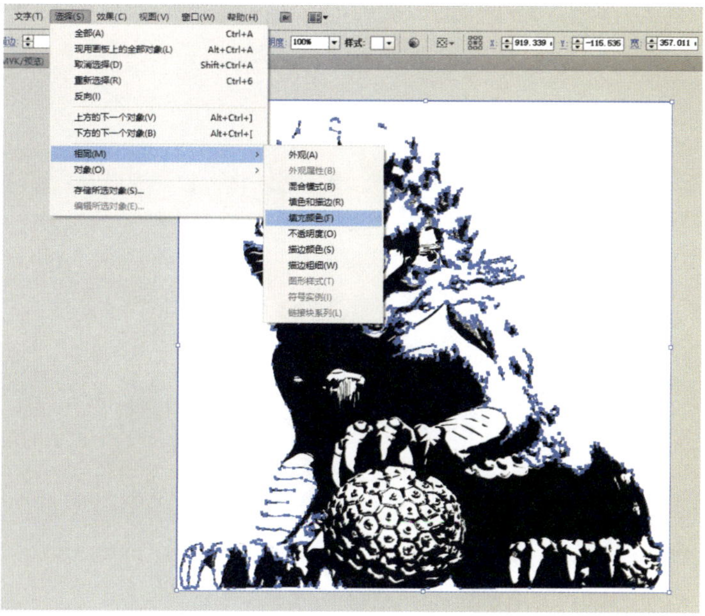

图 2-4-21　选择并删除相同的填充颜色

（8）保留黑色的矢量图处理路径和节点，将无关的散乱路径及游离点删除，然后框选全部黑色的矢量图处理路径和节点，右击并选择“编组”，如图 2-4-22 所示。

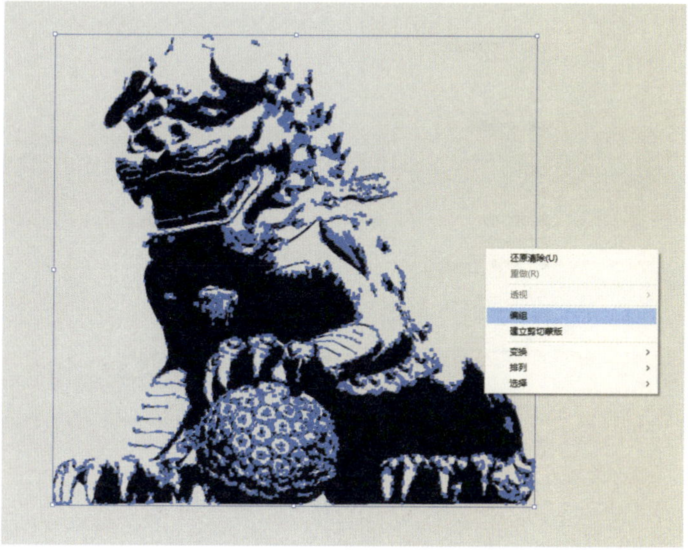

图 2-4-22　编组

（9）根据所需形状再次进行路径与节点的添加、合并、调整、优化、处理，填充主色调，选择黑色的矢量图处理路径和节点，将填充色数值调整为浅咖啡色（C20 M25 Y45），得到铜狮子主图形矢量素材，将其保存为“铜狮子矢量素材 .ai”备用，如图 2-4-23 所示。按相同的方法，将封底的兵马俑矢量图制作完成后保存为“兵马俑矢量素材 .ai”备用。

图 2-4-23　铜狮子主图形矢量素材

（10）制作封面、封底、书脊底图：打开“中国旅游手册 .ai”文件，选择“矩形工具”，新建矩形，调整尺寸，宽为 386mm，高为 266mm（包含出血尺寸），将矩形的四条边对齐出血的参考线，右击并选择“排列”→“置于底层”，如图 2-4-24 所示。

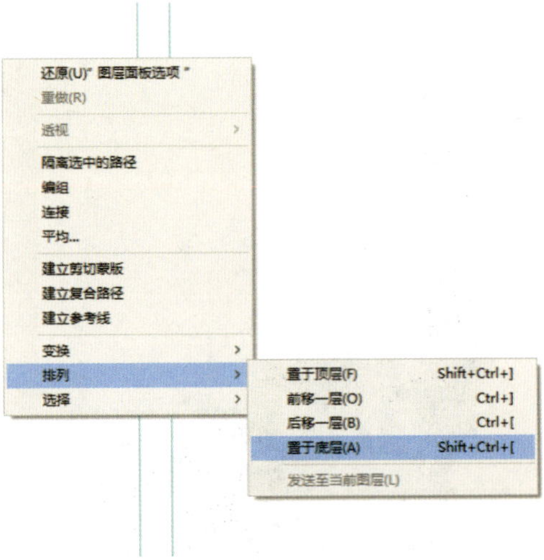

图 2-4-24　置于底层

（11）选择“矩形工具”，新建矩形，调整尺寸，宽为 188mm，高为 173mm（包含出血尺寸），对齐画面的上方和右侧，单击“窗口”→“渐变”命令，如图 2-4-25 所示。

（12）选择“渐变工具”，单击矩形，将渐变选项栏中的“角度”调整为 90°，如图 2-4-26 所示。

（13）双击黑色“渐变滑块”，弹出窗口后单击右上角的“菜单”按钮，将色彩模式选择为“CMYK 模式”，将 CMYK 值调整为大红色（M100 Y100），如图 2-4-27 所示。

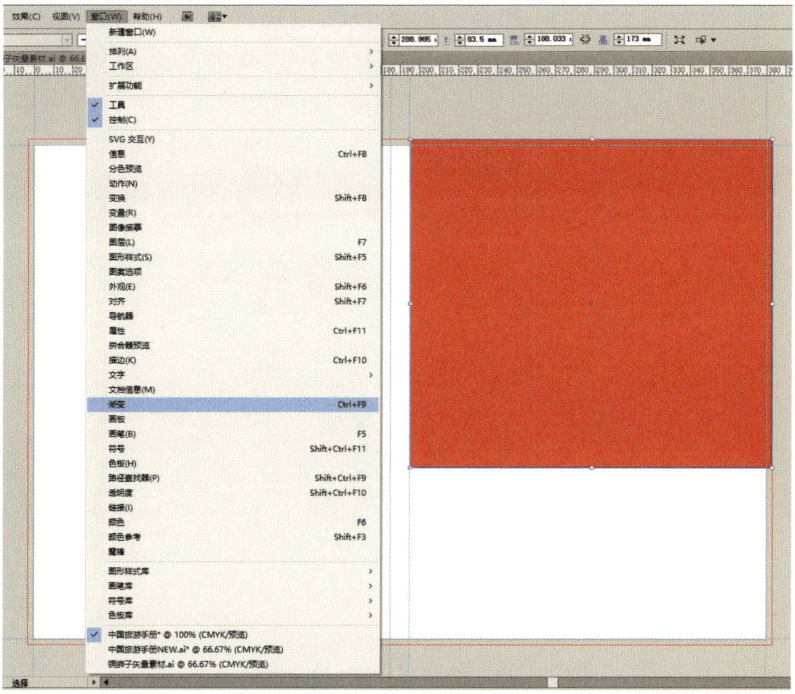

图 2-4-25　打开“渐变”面板

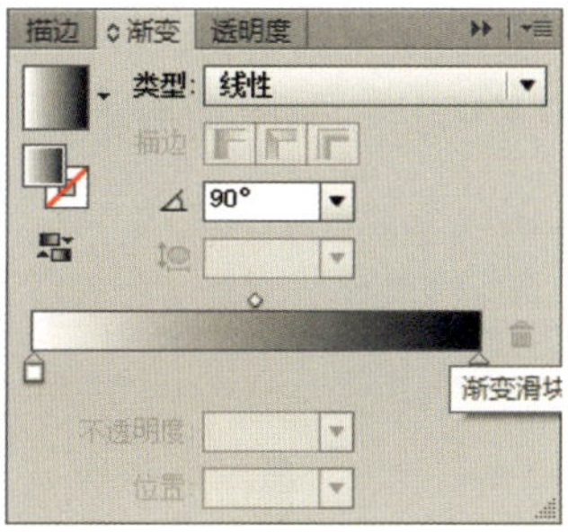

图 2-4-26　“渐变”面板参数设置

图 2-4-27　添加渐变色

（14）选择“矩形工具”，沿着书脊向下绘制矩形，调整尺寸，宽为 10mm，高为 68mm（包含出血尺寸），对齐画面的上方和书脊左右两侧的参考线，将填充色调整为浅灰色（K20），如图 2-4-28 所示。

图 2-4-28　绘制书脊部位的灰色色块

（15）单击上方矩形，按住 Alt+Shift 组合键的同时用鼠标向下拖动复制出一个新的矩形，拉动矩形上下边的锚点分别对齐被复制矩形的下边和出血参考线的下边缘线，将填充色调整为深红色（C30 M100 Y100），如图 2-4-29 所示。

图 2-4-29　绘制书脊部位的深红色色块

（16）处理素材：将“花纹 1.jpg”图片导入“中国旅游手册”文件中，在上方选项栏中单击“图像描摹”选项后再单击“扩展”选项，右击图像并选择“取消编组”，选中白色底图后单击“选择”→“相同”→“填充颜色”命令，删除白色底图后框选花纹，右击并选择“编组”，调整大小为宽 40mm、高 40mm，如图 2-4-30 所示。

图 2-4-30　处理矢量素材

（17）调整摆放位置：选择“窗口”→“对齐”命令打开“对齐 ”面板，选择“花纹 1”矢量图，按住 Shift 键选择书脊灰色矩形后再次单击书脊灰色矩形，分别单击“对齐”面板中的“水平中齐”按钮和“垂直中齐”按钮将素材和目标图对齐，如图 2-4-31 所示。

图 2-4-31　对齐素材

（18）填充渐变色：单击“窗口”→“渐变”命令打开“渐变”面板，选择“渐变工具”，单击“花纹 1”矢量图，将渐变角度调整为 90°，双击右侧渐变滑块，将其 CMYK 值调整为浅绿色（C55 Y100），如图 2-4-32 所示。

图 2-4-32　为素材添加渐变色效果

（19）复制“花纹 1”矢量图：选中“花纹 1”矢量图，按住 Alt+Shift 组合键的同时用鼠标分别向左向右拖动复制出 2 个相同的图案，摆放到封面和封底上部边缘位置，保留内部为一半，如图 2-4-33 所示。

图 2-4-33　复制并摆放素材

（20）用相同的方法将“花纹 2.jpg”素材图制作完成后摆放在封底，与白色背景居中对齐。“花纹 2”尺寸为宽 128mm、高 128mm，颜色为浅假金色（C30 M40 Y100），添加不透明度为 30%。将“古文字 .ai”素材添加到主文档中，尺寸为宽 136mm、高 186mm，颜色为白色，添加不透明度为 30%，如图 2-4-34 所示。

图 2-4-34　添加素材

（21）制作封面文字部分：选择“矩形工具”，绘制尺寸为宽 35mm、高 225mm 的矩形，以封面为关键对象进行顶端对齐并填充从深绿色（C100 M40 Y100）到白色的渐变色，如图 2-4-35 所示。

（22）长按“文字工具”按钮选择“竖排文字工具”，单击画板输入“中国旅游手册”，字体选用“华文行楷”，字号为 80pt，字色为褐色（C50 M70 Y80 K70）。选中文字并执行“文字”→“创建轮廓”命令，将标题字转曲后按 Ctrl+C 组合键复制（先不要粘贴），再给标题字添加描边，数值为 5pt，颜色为白色，同时添加填充色也为白色，得到文字的白色底板，如图 2-4-36 所示。

（23）执行“编辑”→“贴在前面”命令，将刚才复制的原文字粘贴在原位置，就得到了白色描边效果的“中国旅游手册”标题字，如图 2-4-37 所示。

图 2-4-35　添加深绿色渐变效果

图 2-4-36　制作标题字白底效果

图 2-4-37　添加标题文字

（24）六边形组合图案制作：选择“多边形工具”，单击画板，在弹出的“多边形”对话框中设置“半径”为20mm，“边数”为6，新建一个正六边形，如图2-4-38所示。

（25）分别建立横向和纵向2条参考线，使之以六边形为关键对象分别居中对齐，在六边形正中心相交于一点。按住Alt+Shift组合键向上拖拽六边形复制一个新的六边形，如图2-4-39所示。

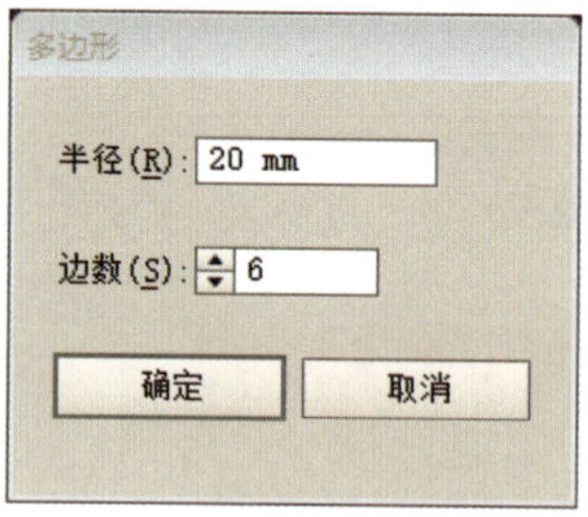

图2-4-38 “多边形”对话框参数设置

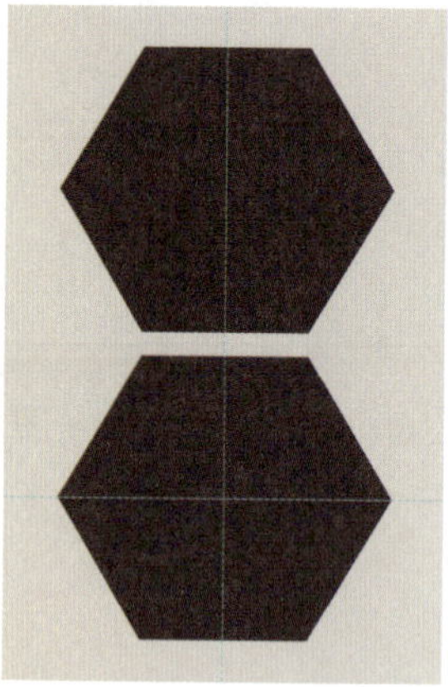

图2-4-39 绘制多边形

（26）单击选择上方六边形后选择“旋转工具”，按住Alt键单击参考线交点添加锚点，在选项框中设置“角度”为60°，如图2-4-40所示。单击“复制”按钮，再按Ctrl+D组合键围绕中心的六边形连续复制5个六边形，如图2-4-41所示。

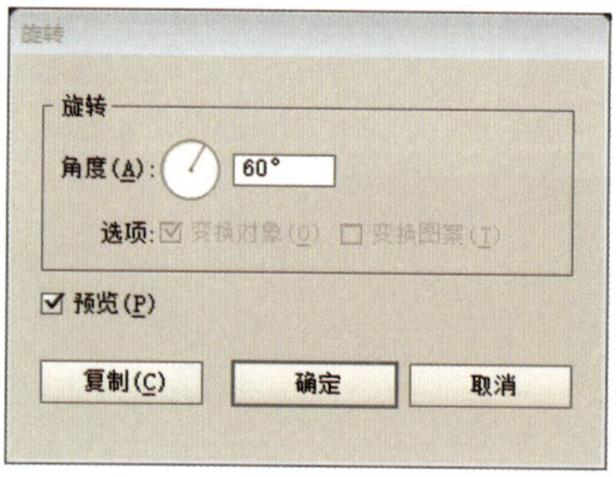

图2-4-40 “旋转”对话框参数设置

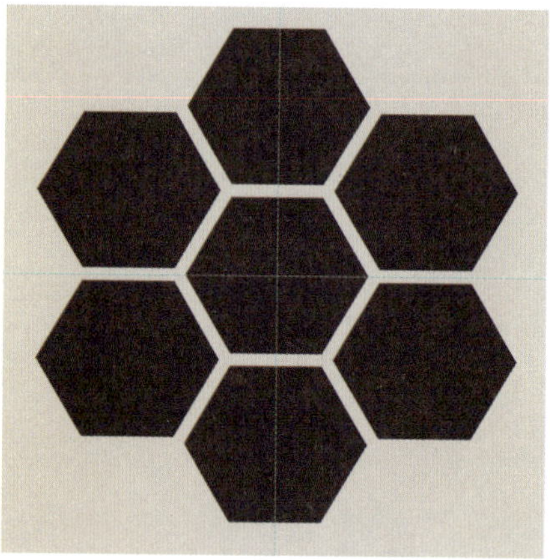

图2-4-41 排列六边形

（27）删除参考线，将素材照片导入“中国旅游手册”文件，单击“嵌入”选项并将六边形置于顶层，调整大小至六边形的尺寸要小于图片尺寸，如图2-4-42所示。

（28）调整图片位置和大小后选择图片及覆盖图片的六边形，右击并选择“建立剪切蒙版”，将所得图案添加1.5pt描边，描边CMYK色值为（C30 M40 Y100 K100），如图2-4-43所示。

图 2-4-42　嵌入图片

图 2-4-43　建立剪切蒙版

（29）同理，将其他素材照片导入“中国旅游手册”文件，按照同样的方法将图片与六边形建立剪切蒙版，以“花纹 2”矢量图为关键对象左右、上下居中对齐并置于顶层，如图 2-4-44 所示。

图 2-4-44　其他素材处理

（30）长按“矩形工具”按钮选择“圆角矩形工具”，单击画板，设置“宽度”为160mm，“高度”为50mm，“圆角半径”为4mm，单击“确定”按钮添加圆角矩形，如图2-4-45所示。

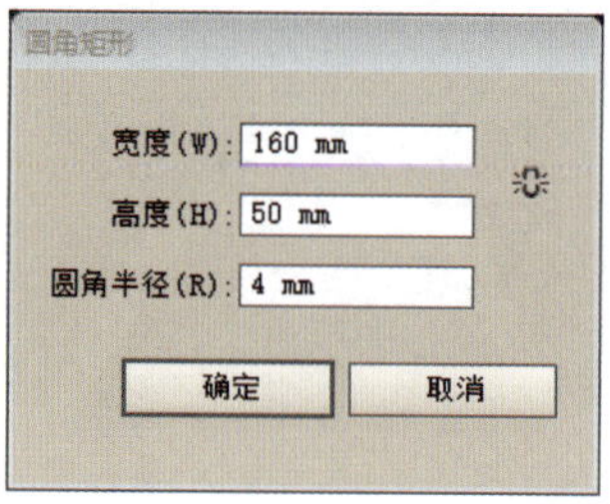

图2-4-45 “圆角矩形”对话框

（31）为圆角矩形添加从白色到灰色（K40）的填充渐变色，角度为0°，同时添加从白色到黑色（K100）的描边渐变色，角度为0°，以封底白色底图为关键对象居中对齐，如图2-4-46所示。

图2-4-46 添加圆角矩形

（32）将制作完成的“兵马俑矢量图”和“铜狮子矢量图”文件分别粘贴到“中国旅游手册”文件中，调整大小，摆放到合适位置，如图2-4-47所示。

图2-4-47 添加矢量素材

（33）导入“条形码”素材，选择“文字工具”将编著、封面设计、出版社、定价等辅助文字添加到封面封底的相应位置，字体为“黑体”，字号为 14 ～ 16pt，创建轮廓，如图 2-4-48 所示。

图 2-4-48　导入条形码

（34）印前处理与校稿。

1）检查有无错别字，字体字号是否准确无误，确保英文和数字都使用英文字体。

2）检查印前出血数值，校正 CMYK 颜色数值。

3）检查链接图像（判断是否有链接图像及是否需要嵌入）。

4）检查所有文字是否转曲（创建轮廓）。

《中国旅游手册》
装帧主要制作步骤

【任务小结】

本任务是以 Illustrator 为主要平台及 Photoshop 为辅助平台设计的矢量书籍封皮装帧，主题明确、定位清晰，主要素材均使用矢量描摹的方法构建，技术难易度适中，旨在帮助学生系统掌握和了解书籍封面设计的方法和技术点，采用面向固定成品效果的仿真制作方式进行教学，使学生在了解项目背景和市场定位的前提下进行目标明确的针对性训练，为后面的拓展实战打下基础。

【考核评价】

评分项目	评分标准	参考分值	备注	得分
基础页面尺寸	各部位尺寸准确、无误差，参考线位置准确	20		
封面封底书脊部分	色彩模式正确，数值准确无误	20	源文件 CMYK 模式 导出 JPG 文件 RGB 模式	
	元素齐全无缺失，矢量元素制作准确，图像分辨率满足印刷要求	20	四色印刷分辨率为 300ppi 写真喷绘分辨率为 96ppi	
印前工艺	出血值准确，文字已转曲，图像已嵌入文档或随文档同步保存	20	出血值 2 ～ 3mm 均可	
校稿	错别字及符号检查，中英文和数字字体检查	20		

任务2　杂志封面装帧设计制作

【任务描述】

（1）任务主题：“中国茶文化与养生之道”杂志封面装帧设计仿真制作。

（2）任务背景：本任务的核心内容为“中国茶文化与养生之道”杂志封面装帧设计，该杂志以宣传和研究中国茶文化与养生之道为核心，在普及茶文化的前提下探索茶叶对人体健康的重要作用。中国自古重视并喜爱饮茶，唐代陆羽所著的《茶经》系统地总结了唐代以及唐以前茶叶生产和饮用的经验，提出了精行俭德的茶道精神。陆羽和皎然等一批文人非常重视茶的精神享受和道德规范，讲究饮茶用具、饮茶用水和煮茶艺术，并与儒、道、佛等思想交融，而逐渐使人们进入他们的精神领域。古人在饮茶过程中还创作了很多茶诗，仅《全唐诗》中流传至今的就有百余位诗人的四百余首茶诗，从而奠定了中国茶文化的坚实基础。中国茶艺在世界享有盛誉，中国的茶道文化是融精神、礼仪、沏泡技艺、巡茶艺术、评品质量为一体的完整的茶道形式，既是一种茶艺，也是一种优秀民族传统文化，是“习尚风雅，举措高超”的象征。现代人多热衷于茶艺，他们不仅喜爱茶的味道，也享受泡茶过程中的乐趣。人们在泡茶和喝茶的时候能忘记生活中的烦恼，分享美茶的同时体验和家人友人同饮的安逸心情。

【任务要求】

按照参考图进行杂志封皮印刷图仿真制作，具体要求如下：

（1）制作尺寸：W550mm×H297mm（封皮展开总尺寸），其中书脊宽10mm，勒口宽60mm。

（2）使用软件：Illustrator。

（3）交付格式：电子源文件（.ai）+预览图（.jpg）。

（4）命名方式：电子文件命名为“班级+学号+姓名”。

（5）印前处理：出血3mm，文字创建轮廓，链接图像嵌入。

（6）主要字体：黑体、方正粗黑宋简体、苏新诗柳楷简体、李旭科书法体、方正姚体、方正楷体、黑体、Arial。

参考图如图2-4-49所示。

【知识链接】

1. 什么是杂志

杂志，就是有固定刊名，以期、卷、号或年、月为序，定期或不定期连续出版的印刷读物。它根据一定的编辑方针，将众多作者的作品汇集成册出版，定期出版的又称期刊。

图 2-4-49　参考图

（1）杂志的来历。

杂志由罢工、罢课或战争中的宣传小册子演变而来。这种类似于注重报纸时效的手册兼顾了更加详尽的评论。最早的一本杂志是 1665 年 1 月在阿姆斯特丹由法国人萨罗出版的《学者杂志》。

我国最早的中医杂志是《吴医汇讲》，创刊于清乾隆五十七年，停刊于清嘉庆六年，前后历时 10 年，共刊出 11 卷，每卷均合订为一本，是类似年刊性质的中医杂志。它的稿件是当时江南一带的名医所供给的，故名《吴医汇讲》。

（2）杂志的发展历程。

最初，杂志和报纸的形式差不多，极易混淆。后来，报纸逐渐趋向于刊载有时间性的新闻，杂志则专刊小说、游记和娱乐性文章，在内容上的区别越来越明显，在形式上，报纸的版面越来越大，为对折，杂志则经装订、加封面而成了书的形式。此后，杂志和报纸在人们的观念中才具体地分开。

马克思在《新莱茵报·政治经济评论》出版启事中指出，与报纸相比，杂志的优点是“它能够更广泛地研究各种事件，只谈最主要的问题；可以详细地科学地研究作为整个政治运动的基础的经济关系”。

2. 杂志封面的基本类型

（1）肖像类封面：多数是照片，这种封面图片突出强调人物，几乎所有的女性杂志和时尚杂志都是这样来设计封面；时装杂志和时尚杂志雇佣职业模特，通过化妆和造型变化改变他们的身份，从而达到和杂志主题相协调的理想效果，如图 2-4-50 所示。

（2）组合类封面：由符号、文字、图片等多种元素组合而成，如图 2-4-51 所示。

（3）文字类封面：只使用文字也能制作出封面，这样的封面或许不会有什么轰动性，但也能够创造出丰富多彩的风格，非常考验设计师的文字设计功底，如图 2-4-52 所示。

（4）插图类封面：与图片的泛滥和照片的单调相比，插图和艺术绘画总是充满艺术性和个性化色彩，特别适合表现杂志媒体的独到立场，如图 2-4-53 所示。

图 2-4-50　肖像类封面

图 2-4-51　组合类封面

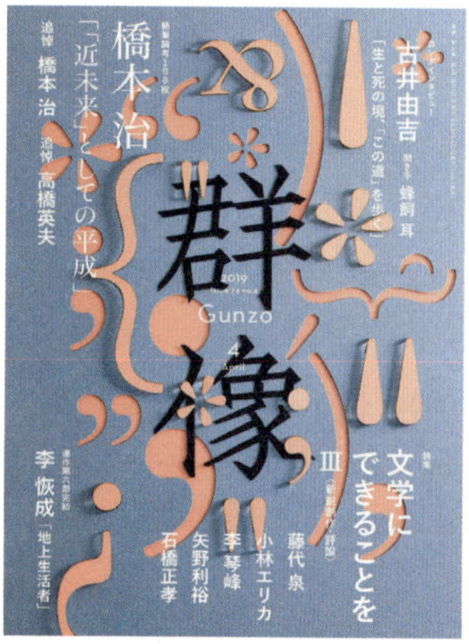

图 2-4-52　文字类封面

图 2-4-53　插图类封面

【任务实施】

（1）根据既定尺寸计算出封面、封底与书脊展开图横向总宽度和纵向总高度：横向总宽度 =210mm×2+60mm×2+10mm=550mm，纵向总高度 =297mm。

（2）打开 Illustrator，新建文档，命名为“中国茶文化与养生之道杂志封面制作文件”，纸张大小选项选择“自定”，宽度为 550mm，高度为 297mm，单位为“毫米”，出血选项选中右侧的“链接”选项，即可使上方、下方、左方、右方的出血数值保持一致，填写 3mm，单击“确定”按钮，如图 2-4-54 所示。

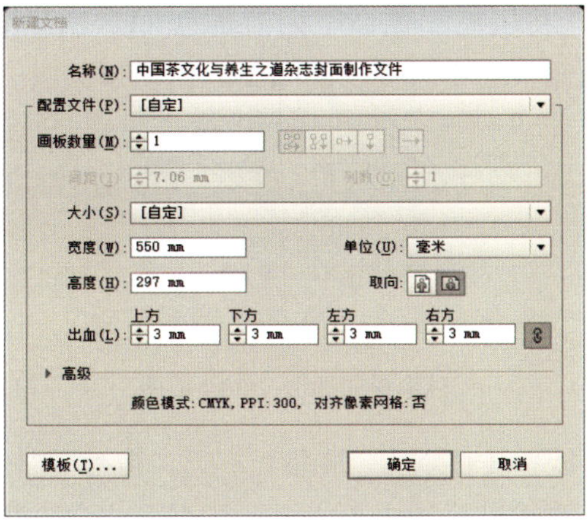

图 2-4-54　新建文件

（3）执行“视图”→“标尺”→“显示标尺”命令，如图 2-4-55 所示。

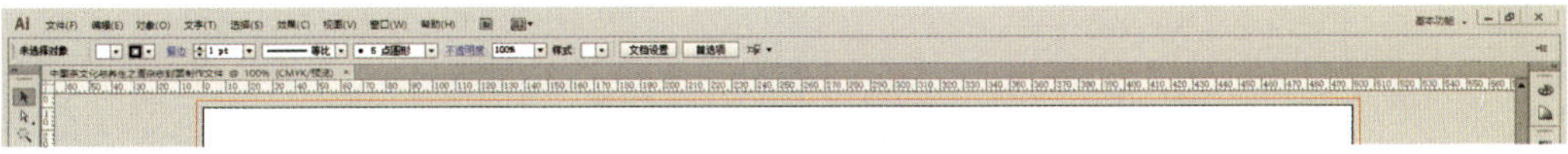

图 2-4-55　显示标尺

（4）从上标尺拖拽出 2 根横向参考线，分别对齐左侧标尺的 0mm 和 297mm，再从左标尺向右拉出 6 根纵向参考线，分别对齐标尺的 0mm、60mm、270mm、280mm、490mm 和 550mm，按 Ctrl+Alt+；组合键将全部参考线锁定，如图 2-4-56 所示。

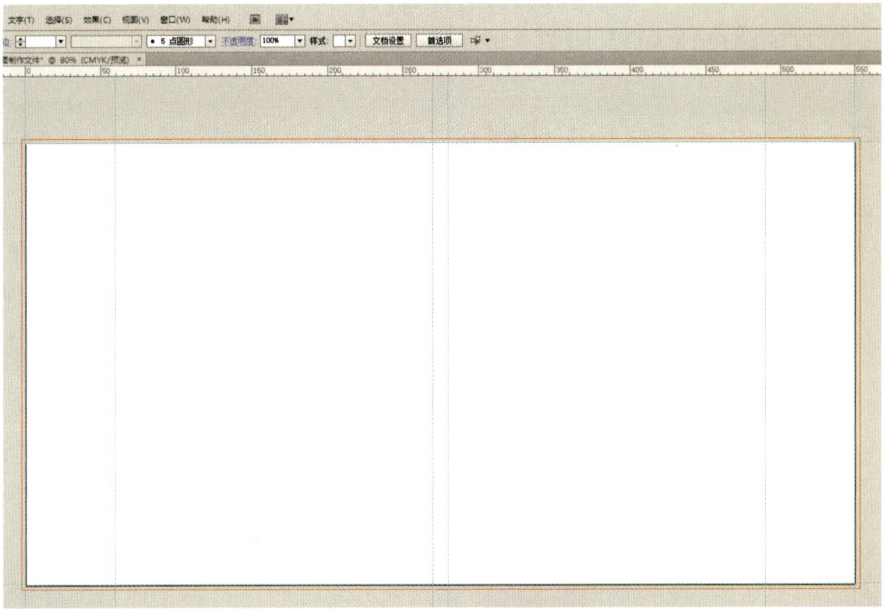

图 2-4-56　标出参考线

（5）在工具栏中选择“矩形工具”，按照画面尺寸（包含出血尺寸）新建尺寸为

556mm×303mm 的矩形，将填充颜色调整为淡黄色（C5 M5 Y10），使用“对齐工具”，选择“对齐画板”选项与画板居中对齐，如图 2-4-57 所示。

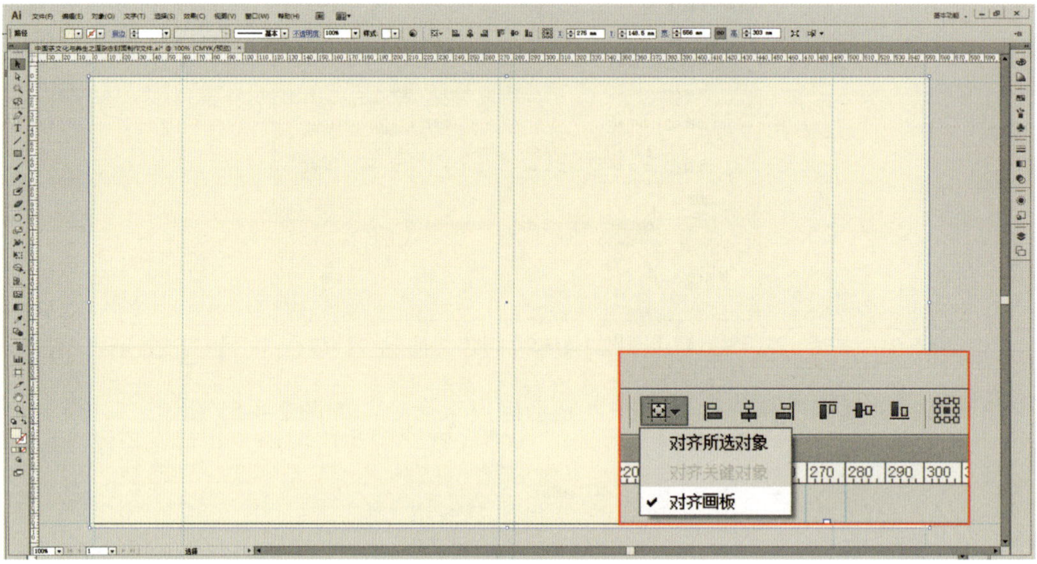

图 2-4-57　填充底色并对齐

（6）再次选择“矩形工具”，新建 7 个矩形，尺寸分别为 W120mm×H55mm、W100mm×H65mm、W220mm×H130mm、W200mm×H40mm、W200mm×H90mm、W95mm×H75mm 和 W50mm×H40mm。按照图中示例调整位置和填充颜色，其中白色矩形为图片占位符，后续步骤将替换为图片。注意，填充颜色分别为深灰色（C70 M60 Y60）和绿色（C50 M20 Y50），如图 2-4-58 所示。

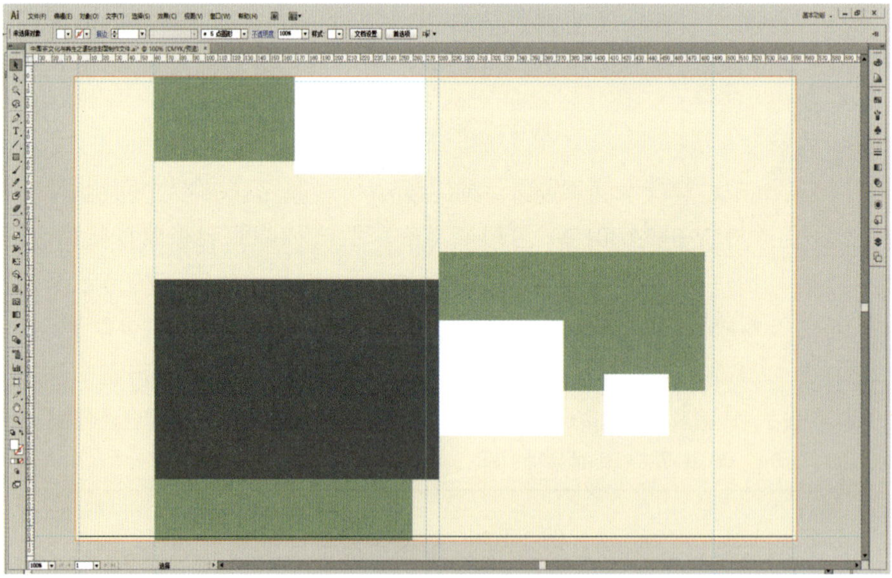

图 2-4-58　绘制矩形色块及图片占位符

（7）将图片素材导入文件，嵌入图片，调整图片尺寸至可被白色矩形完全覆盖，并将白色矩形的图层顺序置于顶层，选择图片后按住 Shift 键单击白色矩形，右击画板并选择“建立剪切蒙版”命令，将图片按照白色矩形尺寸进行剪切，如图 2-4-59 所示。

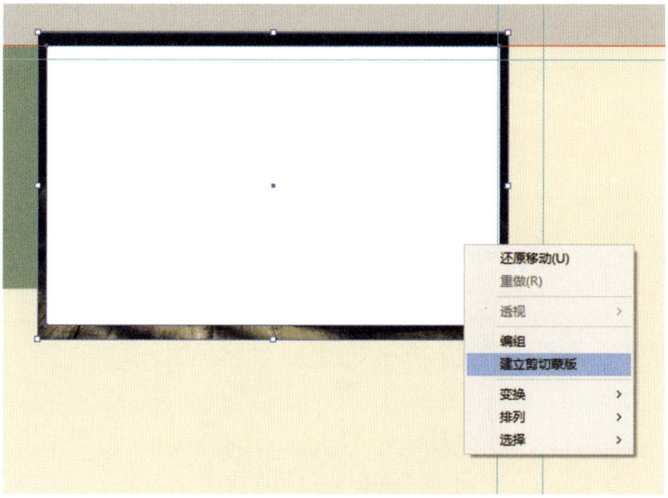

图 2-4-59　建立剪切蒙版

（8）按照上述操作步骤将其他素材图片导入并建立剪切蒙版，摆放位置如图 2-4-60 所示。

图 2-4-60　导入其他素材图片

（9）新建图层，在工具栏中选择“钢笔工具”，按照图例绘制一条曲线，描边颜色为灰色（C50 M40 Y40），粗细为 1pt，如图 2-4-61 所示。

（10）单击“窗口”→“描边”命令，“端点”和“边角”选项分别选择“圆角端点”和“圆角连接”，勾选“虚线”复选项，虚线数值设置为 5pt，间隙数值设置为 5pt，单击

“对象”→“路径”→“轮廓化描边”命令，将虚线转换为矢量图形后将其不透明度调整为50%，最后在按住Alt键的同时用鼠标拖拽复制一个同样的图形，如图2-4-62所示，摆放在对应位置。

图2-4-61　绘制曲线

图2-4-62　调整并摆放曲线

（11）新建图层，长按工具栏中的“矩形工具”，选择“椭圆工具”，绘制一个直径为15mm的正圆，选择“文字工具”，输入“茶”字，字体大小为50pt，字体选择“田英章毛笔楷书”，单击“文字”→“创建轮廓”命令，使用“对齐工具”将转曲后的文字与正圆居中对齐并同时选中，单击“窗口”→“路径查找器”命令，单击“差集”选项，将形成图形的填充颜色调整为绿色（C50 M20 Y50），摆放至杂志封面勒口的右下角作为点缀图形，如图2-4-63所示。

（12）选择“文字工具”，输入“茶”字，字体大小为290pt，颜色为黑色，字体选择

“李旭科毛笔行书”,单击“文字”→“创建轮廓”命令,将形成的图形摆放至画面右上角,沿着画面的最上方和标尺在 60mm 位置的纵向参考线新建矩形,完全覆盖“茶”字矢量图形后选择矩形和“茶”字矢量图形,右击并选择“建立剪切蒙版”命令,将得到图形的透明度调整至 30%;导入条形码矢量素材,摆放至对应位置,如图 2-4-64 所示。

图 2-4-63　绘制元素效果

图 2-4-64　绘制元素效果

(13)文字制作。

1)在工具栏中长按“文字工具”,选择“直排文字工具”,输入“中国茶文化与养生之道”,字体大小为 18pt,“中国茶文化”的颜色为黑色,“与养生之道”的颜色为白色,字体选择“方正粗黑宋简体”。

2)在工具栏中长按“文字工具”,选择“直排文字工具”,输入“英煮绿尘,松风入鼎更清新 落银河水,云脚香融玉树春 泉应近俗,陶家无酒未为贫 尽丰年瑞,分付蓬莱顶上人”,字体大小为 22pt,颜色为灰色(C50 M40 Y40),字体选择“苏新诗柳楷简体”。

3)在工具栏中长按“文字工具”,选择“直排文字工具”,输入“色香俱浓怡心神 苦尽甘来功自成”,字体大小为 30pt,颜色为灰色(C50 M40 Y40),字体选择“李旭科毛笔行书”。

4)在工具栏中选择“文字工具”,输入“中国茶文化”,字体大小为 80pt,颜色为白色,字体选择“方正姚体”。

5)在工具栏中选择“文字工具”,输入“与养生之道”,字体大小为 50pt,颜色为白色,字体选择“华文楷体”。

6)在工具栏中选择“文字工具”,输入“2020 年 6 月下半月 总第 377 期”,字体大小为 15pt,颜色为深灰色(C70 M60 Y60),数字字体选择 Arial,中文字体选择“黑体”。

7）在工具栏中选择“文字工具”，选择“直排文字工具”，输入封底辅助文字，字体大小为 8pt，颜色为黑色，数字字体选择 Arial，中文字体选择“黑体”。

辅助文字内容为“茶文化意为饮茶活动过程中形成的文化特征，包括茶道、茶德、茶精神、茶联、茶书、茶具、茶谱、茶诗、茶画、茶学、茶故事、茶艺等。茶文化起源地为中国。中国是茶的故乡，中国饮茶，据说始于神农时代，少说也有 4700 多年了。直到现在，汉族还有以茶代礼的风俗。汉族对茶的配制是多种多样的：有太湖的熏豆茶、苏州的香味茶、湖南的姜盐茶、蜀山的佚君茶、台湾的冻顶茶、杭州的龙井茶、福建的乌龙茶、六安的六安瓜片等”。

将所有文字编辑好，单击“文字”→“创建轮廓”命令，将所得图形摆放至对应位置，如图 2-4-65 所示。

图 2-4-65　添加并设置文字效果

（14）对细节进行调整与文字校稿，保存文档，同时导出 JPG 预览文件。

（15）印前处理。

1）检查印前出血数值，校正 CMYK 颜色数值。

2）检查链接图像（判断是否有链接图像及是否需要嵌入），所有文字创建轮廓。

【知识拓展】

要想做到排版好看，你需要做到以下几点：

（1）字体。

文章正文的字体大小一般设置在 14 ～ 16 号之间，标题可以稍大一些进行突出。字体的颜色同样也需要有一定的讲究，并不是所有的内容字体都使用统一的颜色，一些重点内容可以适当地使用比较亮眼的颜色来凸显。

（2）行间距。

行间距指的就是文章中每一行之间的距离。行与行之间的距离太过拥挤就会显得不够大气，通常情况下 1.75 倍的行间距是最为适宜的，看起来会更加舒服。切忌一大段文案挤在一起，那样会给人一种长篇大论的感觉，要追求简洁。

（3）字间距。

除了行间距外，字与字之间的距离也要稍微宽松一些，那样才会给读者良好的阅读体验，但也要注意字间距不能过于宽松，过宽的字间距会给读者一种懒散、不严谨的感觉。

（4）颜色搭配。

整篇文章所搭配使用的颜色一般不宜超过 3 种，可以根据文章的主题内容去选取。

【任务小结】

本任务是以 Illustrator 为平台设计的矢量图杂志封面，颜色选用淡雅大气，定位与主题相符，杂志的设计感觉准确，技术难易度适中，采用面向固定成品效果的仿真制作方式进行教学，使学生在了解项目背景和市场定位的前提下进行目标明确的针对性训练，为后面的拓展实战打下基础。

《中国茶文化与养生之道》装帧主要制作步骤

【考核评价】

评分项目	评分标准	参考分值	备注	得分
基础页面尺寸	各部位尺寸准确、无误差，参考线位置准确	20		
主图制作	色彩模式正确，数值准确无误	20	源文件 CMYK 模式 导出 JPG 文件 RGB 模式	
	元素齐全无缺失，矢量元素制作准确，图像分辨率满足印刷要求	20	四色印刷分辨率为 300ppi 写真喷绘分辨率为 96ppi	
印前工艺	出血值准确，文字层已栅格化	20	出血值 2 ～ 3mm 均可	
校稿	错别字及符号检查，中英文和数字字体检查	20		

任务 3　书籍装帧设计拓展实战

【任务描述】

（1）任务主题：《首届民间艺术精品博览会——民间艺术家作品集》封面装帧设计。

（2）任务背景：“首届民间艺术精品博览会”荟萃了全国民间艺术近百种门类、千余名艺术家和上百家企业创作生产的万余件艺术精品绝作，是对我国民间艺术取得的新成就的一次多角度、全方位展示，会对我国民间艺术的繁荣与发展起到很大的推动和促进作用。展览内容包含民间艺术精品展、民间工艺大师现场表演、国外民间艺术精品展 3 个板块。

民间艺术精品展：展览分为“当代民间艺术精品展”和“传统民间艺术精品展”。展品多为被联合国教科文组织授予“民间工艺美术大师”等称号和收录于“吉尼斯世界之最”的民间艺术家的代表性作品、馆藏艺术珍品、历年国内外获奖作品、各省市民间艺术大师创作的代表性作品，以及各地富有特色的民间艺术优秀作品。

民间工艺大师的现场表演：博览会期间，将邀请部分民间艺术大师亲临现场作多种技艺的演示。

国外民间艺术精品展：组委会将邀请部分国家的民间艺术大师携优秀的代表性作品前来参展，使人们能够更多地领略到异国的艺术风情。

本作品集将收录此次民间艺术精品展的优秀获奖作品及作者简介，将这些艺术家的作品汇聚成册，作为民间艺术成果的一次集中收获及沉淀。

【任务要求】

要求围绕展览核心内容及主题进行作品集封面设计，突出民间艺术、工艺大师、中国传统文化等主题，与展会及作品定位相吻合，凸显中国传统文化与元素；格调高雅，档次高，个性鲜明，唯美大气，视觉冲击力强。

（1）制作尺寸：W210mm×H285mm，书脊 15mm（成品净尺寸）。

（2）软件平台：Illustrator 或 Photoshop 均可。

（3）交付格式：电子源文件（.ai/.psd）+ 预览图（.jpg）。

（4）命名方式：电子文件命名为“班级 + 学号 + 姓名”。

（5）印前处理：出血 2 ～ 3mm，文字创建轮廓。

（6）刊名：“首届民间艺术精品博览会——民间艺术家作品集”，素材自行搜集或制作。

【任务小结】

我国民间艺术种类繁多，百花齐放，主要有年画、剪纸、皮影、风筝、面塑、糖画、泥塑、彩陶、版画、折纸、扎染、蜡染、社火等，本任务需要学生首先系统了解民间艺术的种类和特点，并在此基础上提炼设计元素与灵感。实战型拓展项目能有效地考查学生对前述内容的掌握情况，同时配以真实的任务要求，给出一定范围的自我发挥空间，加之版式、色彩、内容、结构等多元化的创意设计，使学生将所学技能与自我意识相结合，进而依照主题要求设计出成品。

【考核评价】

评分项目	评分标准	参考分值	备注	得分
基础页面尺寸	各部位尺寸准确、无误差，参考线位置准确	20		
主图制作	创意巧妙，紧贴主题，美观大方	20		
	元素齐全无缺失，矢量元素制作准确，图像分辨率满足印刷要求	20	四色印刷分辨率为300ppi 写真喷绘分辨率为96ppi	
印前工艺	出血值准确，文字层已栅格化	20	出血值 2 ～ 3mm 均可	
校稿	错别字及符号检查，中英文和数字字体检查	20		

思考与练习

1．什么是装帧设计？书籍装帧与杂志装帧的明显区别是什么？

2．举例分析你所喜爱的一款书籍的典型装帧特点，说一下该装帧设计吸引你的地方是哪里？

3．谈一谈自己对未来书籍装帧设计发展趋势和潮流的构想。

参考文献

[1] 顾萍. 印刷概论 [M]. 北京：中国轻工业出版社，2017.

[2] 谢中杰，杨奎. 印前实训 [M]. 北京：印刷工业出版社，2012.

附　录

平面设计不仅是面对项目和任务的简单制图工作，更要有面对客户的沟通与协调能力、面对项目的先期策划能力、面对市场的前期调研调查分析能力等，这些综合能力是衡量一名设计师是否合格的重要标准。在本部分内容中，将浅谈一些与设计综合能力相关的小经验以及在制图过程中的小技巧，并提供一些设计工作过程中的辅助图表和工具，以帮助学生快速积累经验。

A　小经验与小技巧

A.1　努力提高项目通过率

在承接一个设计项目之前，我们需要了解并进行以下工作，以使后面的设计工作事半功倍，为有效提高项目通过率提供保障：

（1）分析客户。分析客户所在的行业，尽可能地学习并了解这个行业的现状，特别是与设计作品有关的现状，例如同类产品的设计水平和定位现状是怎样的。从设计风格上讲，大多数客户都希望做出一个与众不同、耳目一新的设计方案，但你所设计的方案如果完全脱离客户行业的发展现状，那么就很可能只有极少数的客户能够接受，因为这样客户要承担很大的商业风险。如果客户提出这样的要求，可能是在告诉你：你的设计方案要与现有的不同，但不能差距太大，只有这样才能让消费者更好地接受，也才能降低其风险和成本，并能起到差异化的作用。

（2）分析客户的主要竞争对手或客户所在行业的领头羊的设计。客户提出设计的要求就是希望提高自己的竞争力，因此你需要知彼知己。如果你的客户就是行业领头羊，那么他希望你的设计能够顺应市场发展的轨迹，在保持其现有地位的同时远远甩开其他竞争者，争取更大的市场占有率，这就是你设计的方向；如果你的客户不是行业领头羊，那么他可能更希望朝着行业领头羊的方向发展，因为这便是市场风向，因此你的设计也应遵循这一趋势，并在此基础上适当地做出差异。这样，客户才更容易采纳你的设计方案。

（3）做好设计定位。定位你的项目面向的消费人群、使用的环境、操作的方式、使用过程中可能出现的问题、使用者的真正需求，以此来缩小设计范围，缩短设计周期，并可以将大部分精力集中放在解决其他的问题上，此分析过程也更容易让客户接受你最终的设计方案。

（4）安排好设计周期。如果你的客户对设计周期要求比较长，那设计师应适当放缓提案节奏。如果急于向客户提案，很大概率会遭到客户的拒绝，因为客户不着急，他更希望你做出更多的设计方案以供他挑选，这种情形下只有将自己的设计概念逐渐引向客户并由其指点并参与其中，最终的方案才更能得到认可；如果设计周期较短，那么只有拿出你最有说服力的设计方案才能感染客户。通常的经验是，可以多做一套风格近似或另一种设计理念的备用稿供客户选择，让客户的思路在你设定的选择范围内。

（5）做好设计提案工作。如果前四项能让你的通过率提高到99%，那么最后这一项便能让你增加这至关重要的1%。严密的思维逻辑、充实可靠的设计依据、细腻详尽的设计分析、自信的设计态度和表达能力，这些展示的都是你的设计实力，也会让客户更有信心，从而认可并肯定你的设计提案。

A.2 特别留意效果图的颜色模式和分辨率

通常情况下，我们设计的平面项目最终完成稿都要分为源文件和展示效果文件两部分。源文件通常由设计制作该项目的主平台决定，常见的源文件格式为PSD、AI、CDR等；展示效果文件由于需要考虑其在不同平台的通用性和文件体积，通常情况下多为JPG格式。

对于印刷文件来讲，大多数情况下都需要不低于300ppi的分辨率和CMYK的色彩模式，以符合印刷设备的需要。低于这个分辨率会导致印刷品清晰度下降，非CMYK模式则会导致无法印刷或在转换的过程中出现较严重的色彩偏差。但是对于展示效果文件JPG而言，其分辨率和颜色模式则根据输出的最终用途略有不同。下面介绍一些个人经验。

（1）JPG文件通常都是为了预览展示观看，但也有一些对印刷要求不高的文件可以采取JPG文件直接进行印刷，如果是这种情况，那么导出的JPG文件仍然要保持300ppi的分辨率和CMYK的色彩模式。

（2）JPG文件单纯作为预览和展示观看使用时，其分辨率可以设置为72ppi（根据实际项目而定，一些特殊项目中有较小的字或较细致的元素，在这种情况下，72ppi的分辨率可能会导致这些细小内容无法看清），而颜色模式要设置为RGB，这样可以最大程度地保证并还原设计稿的色彩，也不会使JPG图片在图片查看器、微信、QQ等软件中出现色彩暗淡和偏色的情况。

（3）JPG文件作为素材图上传到网络平台或移动平台（如网站、微信公众号、博客、微博等）中时，理论上可以使用72ppi的分辨率和RGB的色彩模式。但因其自身特点，不推荐作为首选格式。因为JPG文件是一种有损压缩格式，具有调节图像质量的功能，它允许用不同的压缩比例对文件进行压缩，能够将图像压缩在很小的存储空间中，图像中重复或冗余的数据会在压缩过程中被删除，因此容易造成图像的损伤。在这种情况下，可以根据图像素材的实际情况和颜色复杂程度改用 GIF 格式或 PNG 格式来代替 JPG。

GIF 格式是基于 LZWE 算法的连续色调无损压缩格式，支持图片动画和背景透明，最多支持 256 种颜色的图像。

PNG 即“便携式网络图像”，为无损压缩格式，提供 8 位、24 位和 48 位真彩色图像支持，其中 8 位 PNG 支持两种不同的透明形式（索引透明和 alpha 透明），24 位 PNG 不支持透明，32 位 PNG 在 24 位的基础上增加了 8 位透明通道，因此可展现 256 级透明程度。PNG8 和 PNG24 后面的数字则是代表这种 PNG 格式最多可以索引和存储的颜色值。8 代表 2 的 8 次方，也就是支持 256 色，而 24 代表 2 的 24 次方，支持 16777216 色。

A.3　设计师应具备的职业道德和专业素养

在平面设计的学习道路上，除了认真学习专业知识、刻苦练习专业技能、时刻关注行业发展之外，还必须具备优秀的职业道德和专业素养，只有这样才能全面提高自身综合素质，逐步成为一名优秀的平面设计师。

一、职业道德

1. 尊重客户，提供优质服务

尊重客户的自主选择权，快速响应客户需求，依法保护客户的权益和商业机密。保证提供没有任何法律瑕疵包括知识产权瑕疵的作品。

2. 敬职敬业，提高专业设计能力

爱岗敬业，树立正确的人生观、价值观。自觉主动提高专业能力，包括论证能力、协调能力、观察能力、理解能力、创新思维能力和表达能力等。

3. 认真负责，自觉追求完美

责任意识是岗位的核心，也是赢得竞争的关键。设计师必须以认真负责的态度，不断增强职业竞争素质，杜绝敷衍搪塞、粗制滥造的行为发生。自觉追求完美，努力实现作品价值的最大化，提供符合客户需求的设计作品。

4. 尊重同事，团结互助

设计师之间应互相尊重对方人格尊严、宗教信仰和个人隐私，发扬团队合作精神，树立全局意识，共同创造、共同进步，建立和谐的工作环境。

5. 与人为善，与业务伙伴友好合作

本着互惠互利、合作共赢的原则与业务伙伴友好合作、共同发展。与人为善，尊重业务伙伴企业文化的同时，按照商业礼仪对待业务伙伴及其商业代表。

6. 遵纪守法，维护集体利益

遵守法律法规及所在企业的规章制度，服从工作安排，对工作认真负责，不泄露所做项目的商业秘密，自觉维护集体利益，个人利益服从集体利益。把个人的理想与奋斗融入集体的共同理想和奋斗之中。

7. 洁身自好，杜绝不正当竞争

设计师之间应建立平等、团结、友爱、互助的关系，提倡相互学习、相互支持，开展正当的业务竞争，互利互助，共同完成设计项目。

二、专业素养

1. 为人正直，培养自身广博的知识

一名优秀的设计师首先是一位正直而善良的人，以一颗善良、积极、乐观的心去面对客户、面对项目；除了专业知识和技能外，要不断完善自身，持续学习文化知识。只有不断加强自身修养和文化底蕴，具备广博的知识和阅历，才可能创造出感动人的设计。

2. 关注时尚，具有敏锐的洞察力

对时尚敏锐的观察力和预见性是设计师自我培养的一种基本能力，站在一个高度上讲，设计师担负着引导时尚的责任。

3. 坚韧执着，追求细致入微

好奇心激发设计师的创作欲望，感性促使设计师关心周围世界。设计师的观察和感受能力是设计创造的基础。设计师所面临的是环境中各个不同的细节，对细节的处理关系到整个设计的成败，越是简约的设计细节越重要，要时刻注意角色的互换。

4. 有很强的表现能力及丰富的表现手段

设计师要具备熟练的专业技术和掌握丰富多样的表现技法，进而清晰准确地表达自己的设计意图和思想，让客户能够很容易地理解和沟通。

5. 准确把握行业行情信息，熟知应用材料

紧跟时代，随时关注行业行情变化与发展，把握行情走向。同时，对市场上出现的新材料的价格、特性、优点进行及时的了解，探索其实际用途，并将其运用到项目创作中。

6. 大胆创新，重视概念设计

作为一名设计师，创新是非常重要的。概念设计是对项目的设计思路，是一个项目的总思路，包含对各个方面的综合考虑，有设计者对设计项目独特的认识因素和个性特征，着重体现设计中在满足功能的前提下独特个性的植入。

7. 重视对市场的调查

一名优秀的设计师应该具有敏锐的市场洞察力和对市场的预测能力。通常情况下，绝大多数的设计项目都是商业项目，而商业项目的成败则需要市场来检验。因此要求设计师对所设计物品的成本、价格、销售前景要清楚掌握。

8. 具有良好的社会责任感

设计师是社会工作者，其设计首要考虑的不是自我而是社会。这一点体现在设计中，既要安全、美观，又要对人类的生活环境负责，通过设计活动取得很好的社会效益。而设计师在有能力做好这些的同时也必须时刻把道德准则放在心中，只有这样，才能成为一名成功的受人尊敬的设计师。

A.4 设计稿输出发排前必查内容

设计师对其设计作品的内容准确性（尺寸、文字、图片、色彩、印前等）要做到完全负责，很多时候由于工作的忙碌和项目制作周期的紧张，容易在完成设计发排之前忽略对印品的校稿和检查，这个问题在本书的项目篇中反复提到，甚至在每一个任务的结尾处都做了精心的提醒，其重要性不言而喻，因为作为印刷品来说，印刷后发现的错误是无法弥补的，甚至是毁灭性的。编者在这里汇总了一些发排前核对打样稿的必查内容，供初学者参考借鉴，一定要以谨慎之心认真对待项目的校稿和检查，务必进行印前打样并请客户签字确认，以保证最终印刷品内容的百分百正确。

一、打样输出前检查

（1）检查字体，中英文字体不要混用，数字尽量使用英文字体。

（2）全篇文字校稿，检查错别字（特别留意电话号码区号、位数和手机号位数、网址格式、电子邮件格式，二维码要扫码检验）。

（3）检查文字是否已转曲及转曲后是否有空心字、碎字、丢字、丢笔画、丢符号、位置偏移现象。

（4）核查设计稿尺寸（净尺寸、出血尺寸、展开尺寸等）。

（5）检查使用颜色模式是否为 CMYK，核查主要颜色的 CMYK 数值。

（6）检查特殊元素及符号的显示是否正确（如条形码、二维码、网络符号 @、版权符号 ©、注册商标符号 ®/TM、数学符号、化学符号、其他特殊领域符号等）。

（7）检查出血位，一般不少于 3mm。

（8）不要用白色遮盖代替设计图边缘应做的裁切。

（9）核对是否有特殊印版区域（烫金银、UV、压痕等），是否已做单色黑矢量图。

（10）检查全篇图像素材（色彩、矢量平台下链接像素图是否嵌入）。

二、打样输出后检查

（1）检查打样（菲林）是否与原稿及发排的要求相符。

（2）检查文字有无空心字、碎字、丢字、丢笔画、丢符号、位置偏移现象。

（3）检查图片是否齐全，有无失真、偏色、错位等现象。

（4）菲林需要重叠各色片角线，检查对位是否准确。

常用印刷字号对照图

B　常用印刷字号对照图

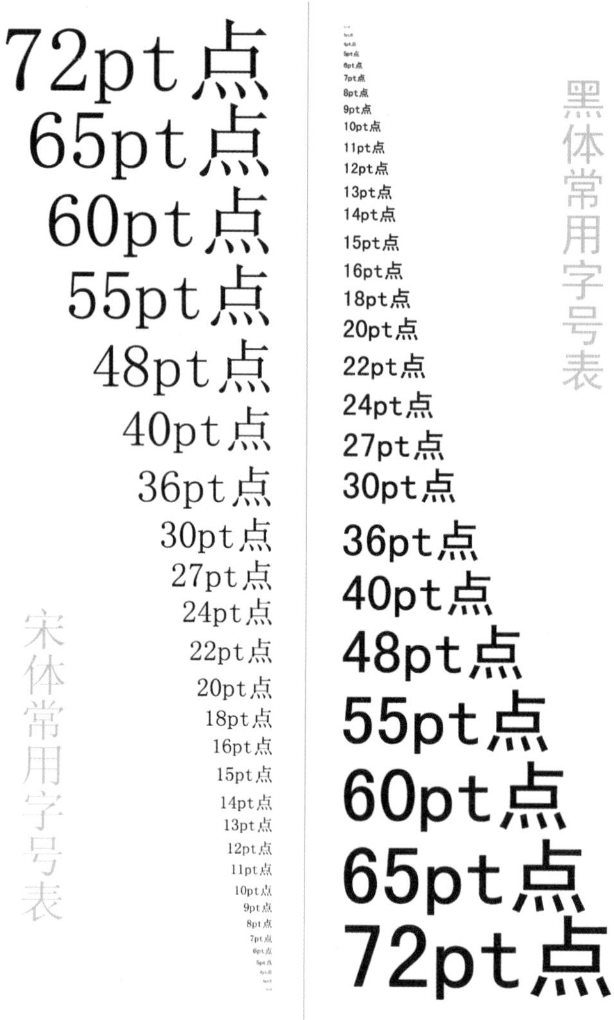

常用色彩方案图

C 常用色彩方案图

D 纸张开本尺寸及成品尺寸表

国际标准化组织的 ISO 216 国际标准指明了大多数国家使用的标准纸张的尺寸，定义了A、B、C三组纸张尺寸，C组纸张尺寸主要用于信封。另外有些国家也有自己的标准，如中国、美国，日本等。下面是一些常用标准纸张的具体尺寸，单位：mm。

ISO 216 A		ISO 216 B		ISO 216 C	
A0	841×1189	B0	1000×1414	C0	917×1297
A1	594×841	B1	707×1000	C1	648×917
A2	420×594	B2	500×707	C2	458×648
A3	297×420	B3	353×500	C3	324×458
A4	210×297	B4	250×353	C4	229×324
A5	148×210	B5	176×250	C5	162×229
A6	105×148	B6	125×176	C6	114×162
A7	74×105	B7	88×125	C7	81×114
A8	52×74	B8	62×88	DL	110×220
A9	37×52	B9	44×62	C7/6	81×162
A10	26×37	B10	31×44		

中华人民共和国国家标准GB/T 148-1997《印刷、书写和绘图纸幅面尺寸》中规定：我国目前以1060mm×760mm（正度）的纸为标准印张。例如用它来印成32开的书，则称为正度32开本。若以1160mm×860mm（大度）的纸来印成32开的书，因纸张幅面比标准印张大，称为大32开本。

开度	大度开切毛尺寸	成品净尺寸	正度毛尺寸	成品净尺寸
全开	1194 × 889	1160 × 860	1092 × 787	1060× 760
对开	889 × 597	860 × 580	787 × 546	760×530
长对开	1194 × 444.5	1160 × 430	1092 × 393.5	1060× 375
三开	889 × 398	860 × 350	787 × 364	760×345
丁字三开	749.5 × 444.5	720 × 430	698.5 × 393.5	680×375
四开	597 × 444.5	580 × 430	546 × 393.5	530×375
长四开	298.5 × 88.9	285 × 860	787 × 273	760×260
五开	380 × 480	355 × 460	330 × 450	305×430
六开	398 × 44.5	370 × 430	364 × 393.5	345×375
八开	444.5 × 298.5	430 × 285	393.5 × 273	375×260
九开	296.3 × 398	280 × 390	262.3 × 364	240×350
十二开	298.5 × 296.3	285 × 280	273 × 262.3	260×250
十六开	298.5 × 222.25	285 × 210	273 × 262.3	260×185
十八开	199 × 296.3	180 × 280	136.5 × 262.3	120×250
二十开	222.5 × 238	270 × 160	273 × 157.4	260×40
二十四开	222.5 × 199	210 × 185	196.75× 182	185×170
二十八开	298.5 × 127	280 × 110	273 × 112.41	260×100
三十二开	222.5 × 149.25	210 × 140	196.75× 136.5	185×130
六十四开	149.25 × 111.12	130 × 100	136.5 × 98.37	120×80

E 企业设计项目工作流程图

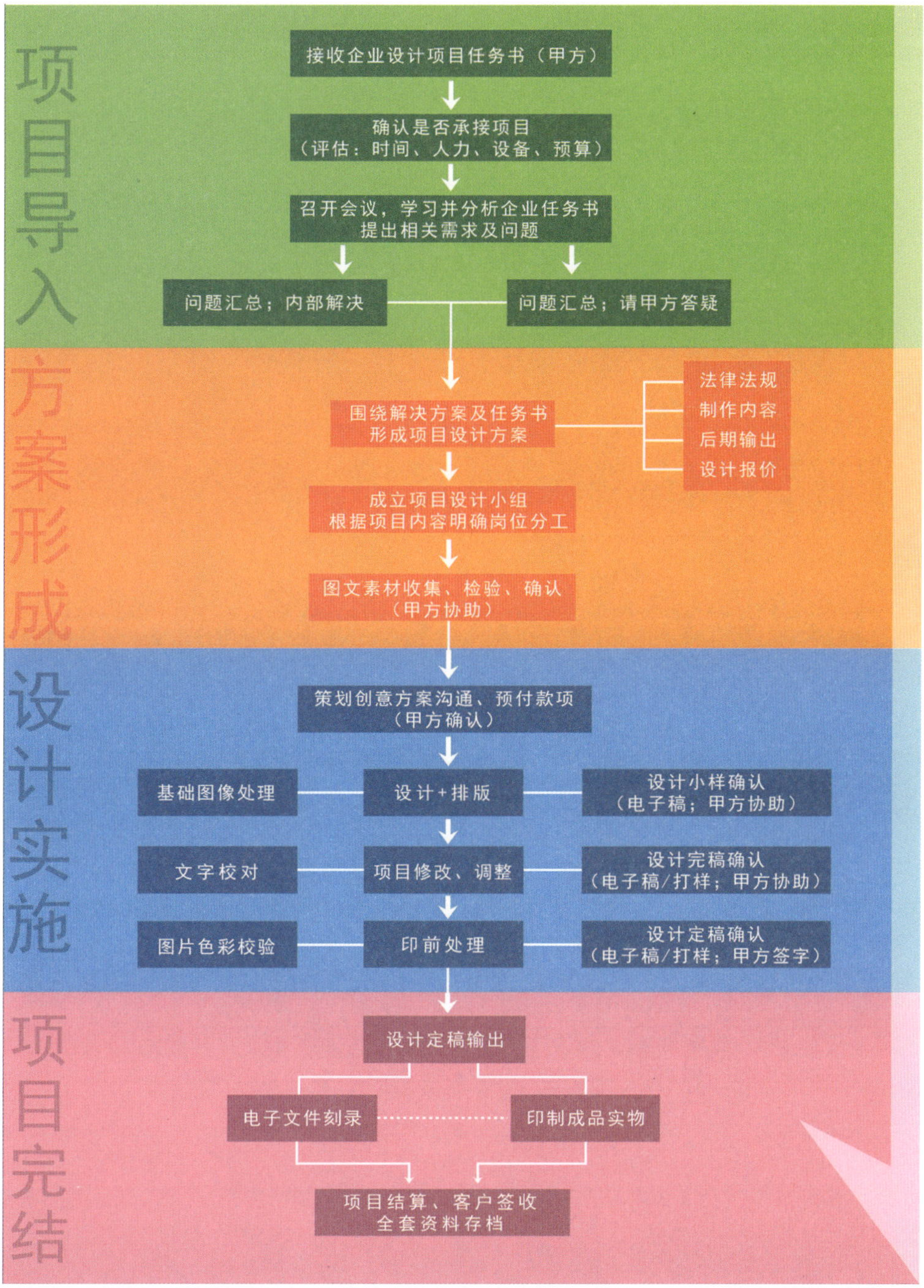

随手笔记